関東安全衛生技術センター

〒290-0011　千葉県市原市能満 2089　　　　　　電話 0436-75-1141

中部安全衛生技術センター

〒477-0032　愛知県■■■■　　　　　　　　　　電話 0562-33-1161

近畿安全衛生技術セン■■

〒675-0007　兵庫県■■■　　　　　　　　　　　電話 0794-38-8481

中国四国安全衛生技術■■

〒721-0955　広島県福■■　　　　　　　　　　　電話 084-954-4661

九州安全衛生技術センタ■

〒839-0809　福岡県久留米市東合川 5-9-3　　　　電話 0942-43-3381

8. 試験会場で使用できる用具

（1）筆記用具

- ・HB または B の鉛筆
  （シャープペンシル可．ボールペンや色鉛筆は使用できません）
- ・プラスチック消しゴム
- ・定規

（2）電　卓

使用してもかまいませんが，関数電卓などは使用できません．

9. 合格発表

試験日の 1 週間後

10. 合格基準

各科目の得点が 40 % 以上で，全科目の得点の合計が 60 % 以上

11. 合格率

80 % 程度

12. 免許試験合格通知書と免許申請

免許試験合格者には，「免許試験合格通知書」が届き，通知書を受け取ったら，都道府県労働局および各労働基準監督署にある免許申請書に必要事項などを記入，写真および印紙を貼付けのうえ，受験したセンターを管轄する都道府県労働局長に免許を申請する（この手続をしないと免許証は交付されません）．ただし，次の者には免許は与えられません．

① 身体または精神の欠陥によって潜水士免許に係わる業務につくことが不適当であると認められる者

② 免許を取り消された日から 1 年を経過しない者

③ 18 歳未満の者

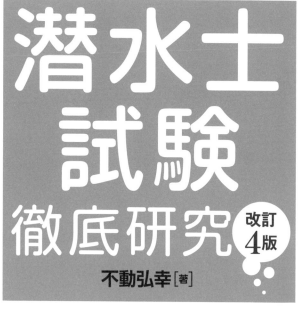

潜水士試験徹底研究

改訂4版

不動弘幸[著]

Ohmsha

はしがき

「潜水士」の試験は，労働安全衛生法に基づくプロの潜水士になるための唯一の国家試験です．海上保安官の人命救助のエキスパートである潜水士を目指す若者を描いたドラマ・映画シリーズ「**海猿**」や東北・北三陸が舞台のNHK朝の連続テレビ小説「**あまちゃん**」の放映で，この資格の存在を知った方もおられるでしょう．「潜水士」の国家資格は一時的なレジャーの意味合いはなく，「**水深10ｍより深いところで潜水業務を行うプロの資格**」で，資格者の主な業務は，「**サルベージ事業，潜水土木事業，水産物の採取**」などの潜水です．

プロの「**潜水士**」になるには，次のような潜水知識が必要となります．

① 潜水に伴う大気と水の環境との違いは何か．
② 潜水業務を行うための潜水の種類と方式にはどのようなものがあるか．
③ 潜水業務に潜む危険性にはどのようなものがあり，どう克服するのか．
④ 特殊環境に対しての潜水上の注意事項は何か．
⑤ 送気，潜降，浮上ではトラブルをいかに回避するのか．
⑥ 潜水業務では，潜水時間や浮上時間はどのように決めるのか．
⑦ 潜水に伴う高気圧障害の種類と回避方法にはどのようなものがあるのか．
⑧ 潜水作業者の健康管理や一次救命処置はどのようにするのか．
⑨ 潜水業務について法令ではどのように規定しているのか．

このように，試験ではプロになるためには，潜水に関する多くの科学的・医学的知識とアクシデントに対する対処法などを知っておかなければなりません．

本書は，皆さんが潜水士試験に短時間で合格できるよう，最初に基礎知識を学習し，基本問題や応用問題を解くことで，実力が高められるよう執筆しています．

本書での学習を積み，「潜水士」国家試験に挑戦されることをお奨めします．

最後に，本企画の立上げから出版に至るまで大変お世話になった，オーム社編集局の皆様に厚くお礼申し上げます．

2021年3月

不 動 弘 幸

本書の使い方

　本書の 0 編を除く 1〜4 編は，潜水士国家試験の出題範囲について，出題傾向に沿った学習が無理なくできるよう工夫を凝らしています．この 1 冊を学習すれば，十分に試験に合格できるレベルに達します！

1．各テーマの研究
　1 回の試験の出題数は，午前，午後合わせて合計 40 問です．本書では，原則として試験科目の実施順に，それぞれのテーマを**研究するスタイルをとっています．ですから，皆さんは実際に試験会場で試験を受けている雰囲気で学習できます．**
　ただし，「2 編　送気，潜降および浮上」の科目中の潜水器の扱い方については，学習が円滑に行えるよう，「1 編　潜水業務」の科目の潜水業務に関する基礎知識の中で取り扱っています．

2．基礎知識の習得
　テーマごとに，学習に必要な基礎知識をまとめてあります．この部分で習得した知識は，基本問題や応用問題を解くときにも役立ちます．

3．基本問題の実施
　基本問題は，テーマを代表するような問題を取り上げています．ですから，基本問題を解くことによって，それぞれのテーマでの必要な知識の習得度合いを知ることができます．

4．応用問題の実施
　応用問題にチャレンジすると，**類似問題の出題が意外に多いことに気付かれると思います．**特に，類似問題が多い問いは大きな得点源ですので，確実に解けるようにしましょう．
　また，問題を解くときの姿勢として，**単に正誤の選択肢だけを探すのではなく，正しい選択肢は知識として吸収するよう心がける**ことが大切です．
　なお，計算問題に弱い方は，**「計算問題ができなくても十分に合格できる！」**の心意気で他の問題で得点を稼げるよう頑張りましょう！

5.「次の文は，正しい？　それとも間違い？」での確認

　実出題では，選択肢の一部を変更した形で出題されるという特徴があります．このため，短時間で学習できるよう下記のようなコーナーを設けています．

■次の文は，正しい(○)？　それとも間違い(×)？

(2) ヘルメット式潜水において，潜水服のベルトの締付けが不足すると浮力が減少し，潜水墜落の原因となる．

解答・解説

(2) ×⇒ヘルメット式潜水において，潜水服のベルトの締付けが不足すると下半身に空気が入り，吹上げ事故の原因となります．このため，ヘルメット式潜水における吹上げの予防措置として，腰部をベルトで締め付け，空気が下半身に入り込まないようにしなければなりません．

6．索引の活用

　すでに学習したけれど，どのような意味の語句だったのか迷ってしまうときなどには，巻末の「**索引**」を利用してください．試験で重要なキーワードをすぐに検索できます．曖昧な知識のままの学習から，**確実な学習への橋渡し**として効果的に利用してください．

目 次

0 編

潜水士とは

潜水についての本格的な学習を始める前に，少しリラックスして，潜水の対象となる「海の知識」をさらっと学習しておきましょう．

地球表面の面積の約70 % は海に覆われています．そのうち太平洋，インド洋，大西洋で全体の89 % を占めています．また，地球上の水の97 % は海水です．

陸上の最高峰は8 848 m のエ

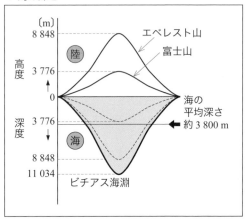

▼ 海の深さ

ベレスト山に対し，海底の最深部は10 911 m のマリアナ海溝のビチアス海淵です．海面から見れば陸の高さより海の深さのほうが大きいことをご存じでしたか．ちなみに，地球の海の深さの平均は約3 800 m で，何と富士山（3 776 m）並みなのです．

また，海底は陸上以上に起伏に富んでおり，マントル対流が湧き上がりプレートが作られる海嶺や，マントル対流が沈みプレートが沈み込む海溝など，地球の活動が活発なことも特徴となっています．

海溝部で地震や火山活動が盛んなことは，地震の報道などを通じてよく知られているところです．日本列島の近海でも千島海溝，日本海溝，太平洋プレート，ユーラシアプレート，フィリピン海プレートなどが存在しています．浅いものでは珊瑚礁の海などもあり，海は山脈や渓谷，平原が広がりすこぶる変化に富んでいます．ところで，人間が利用できる海底は，陸に続いた大陸棚と呼ばれる水深200 m 程度までです．

また，日本列島の主な海流には，黒潮（日本海流）と親潮（千島海流）があり，黒潮は太平洋側を北上する暖流で，親潮はベーリング海から南下する寒流であることもよく知られています．

1 日単位で見ても満ち潮と引き潮がそれぞれ2 回起こります．また，海流や潮流のために，特に海面近くの海水は激しく動くのに対し，深海では大きな動きは

▼ 日本近海の海流分布（夏）

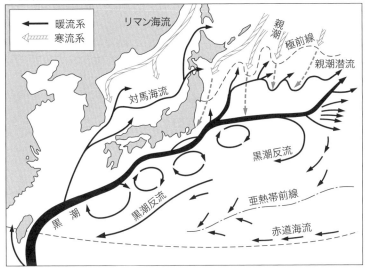

ありません.

潜水のニーズ

　人類は, ミステリーとロマンに満ちた海底をより深く探るため, 次のような
ニーズから, さまざまな工夫によって潜水装置を開発してきました.
- 海底に眠る壺, 金貨や宝物の引揚げ
- 沈没船の引揚げなどのサルベージ作業
- 装飾品としての真珠や海綿など海産物の採取
- 海底の探査

近年では, 海底油田の探査や掘削にもダイバーの技術が必要とされています.

潜水の歴史

（1）**素潜り（スキンダイビング）**：水面で吸い込んだ空気を肺に溜め, 水中で
　　は呼吸を我慢して, 吸い込んだ空気の続く間（1呼吸分）だけ潜る最も原始
　　的な方法で, 紀元前から行われています. わが国では,「魏志倭人伝」,「古
　　事記」,「日本書紀」に記録が残っています.
　　　しかし, アワビやサザエを採る海女に代表されるように, 一般的に素潜り

では，数mしか潜れません．このことから，より深くより長い時間潜りたいという願望が芽生えてきました．

参考 マッコウクジラには，1955年に1134mの潜水記録があります．

(2) **木製の潜水鐘の使用**：潜水鐘は1690年にエドモンド・ハレーが発明し，テムズ河での作業に用いました．これは，釣鐘（Bell）状の樽の中に空気を満たし，この樽をおもりで沈め，樽の空いた底部からダイバーに空気を補給する形態です．この方法は，深さ18mくらいまでの潜水に用いられていました．

参考 エドモンド・ハレーは，「ハレー彗星」にもその名を残しています．

(3) **潜水服の使用**：1830年代にアウグストゥス・シーベが固いヘルメットの付いた潜水服を発明したことで，海面からポンプで空気が送られ，深さ60m程度まで長時間潜水できるようになりました．服には厚い胸当てボルトが取り付けられ，これに銅と真鍮製のヘルメットをはめ込んだもので，現在でもこの改良型が使用されています．底に重いおもりの付いたブーツを履き，さらに2個のおもりを付ける形態です．

▼ ハレーの潜水鐘（ベル）

▼ 潜水の種類

硬式潜水（大気圧潜水）	軟式潜水（環境圧潜水）		
大気圧潜水服	ヘルメット式	全面マスク式	スクーバ式

0編

潜水士とは

（4）**スクーバの使用**：1943 年には，携帯用水中呼吸装置（自給気式潜水器）である スクーバ（SCUBA：Self-Contained Underwater Breathing Apparatus の略）をフランスのクストー大佐とガニャン技師が共同開発しました．この開発により，ボンベに詰めた圧縮空気を背負って自由に潜水できるようになりました．スクーバでは，ダイバーの吸う空気を周りの水圧に合わせることができます．

　1950 年代前半には，レギュレータもダブルホースからシングルホースのものが開発され，さらに 1970 年代初めには浮力の調整ができる BC（Buoyancy Compensator：浮力調整具）が開発され，手頃にダイビングのできる環境が整ってきました．

レジャーとしての潜水

マリンスポーツとして，スノーケリングとスクーバダイビングが代表的なものとなっています．

（1）**スノーケリング**：浅い海で水中の生物を観察するなら，マスク，スノーケル，フィン（足ひれ）の 3 点セットという軽装備なスノーケリングが最も簡単で，水面遊泳を長時間楽しめます．

　マスク内には水が入ってこないので，水中の生物を明瞭に見ることができます．スノーケルを眼鏡のバンドの下に挟み込み，先端を 10 cm 程度水の上に出します．マウスピースから息を吸うと空気が入ってきますし，息を吐けば空気は排出されます．また，足ひれによって簡単に前進でき，腕を体の脇にピッタリつけて魚のように流線形に近づけて泳ぐと，スピードが出ます．

（2）**スクーバダイビング**：スクーバ装置は，海の生物研究にも大きな役割を果たしています．海洋生物学者は海の生物を研究室に運んでこなくても，野生

▼ スクーバダイビング

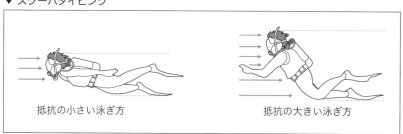

抵抗の小さい泳ぎ方　　　　　　抵抗の大きい泳ぎ方

の状態で観察できるようになりました．なお，「アクアラング」＝「スクーバダイビング」ですが，「アクアラング」はブランド名ですので，テキスト上でも用いられず，「スクーバダイビング」という言い方が一般的です．

ダイビングスポット

地球の約 70 ％ を占める大海原には，すばらしいダイビングスポットが多数存在します．代表的なスポットには，次のような箇所があります．

① カリフォルニアのケルプ・フォレスト
② カリブ海
③ 地中海
④ 紅海
⑤ インドネシアを中心とする東南アジアの海
⑥ オーストラリアのグレート・バリア・リーフ

潜水士の仕事

潜水士は，「**サルベージ事業，潜水土木事業，水産物の採取**」などにかかわる潜水が業務対象となります．これらを具体的に整理すると，下表のようになります．

▼ 潜水士の仕事

区 分	内 容
サルベージ事業	・海難救助や沈没船などの引揚げ作業
潜水土木作業	・港湾整備による捨石ならしなどの基礎土木工事 ・ダムや上下水道設備の保守作業 ・海底ケーブルの敷設 ・臨海地帯での発電所の取水管や放水管の付着物除去作業
調査事業	・ダムや上下水道設備の調査 ・臨海地帯での発電所の取水管や放水管の調査 ・海域や湖沼の環境調査・写真撮影
水産物の採取	・魚介類や海藻などの採取作業
スポーツ・レジャー	・ダイビングの指導 ・海中ガイド
捜査・救助・軍事	・警察・消防・海上自衛隊による潜水活動

1編 潜水業務

1章 ○ 潜水業務に関する基礎知識

1-1. 潜水時の人体に与える物理的要素

学習ガイド　いったん潜水すると水中環境となり，大気環境とは一変します．これに伴って，潜水が与える人体への影響について，その「不思議さ」をつかんでください．

ポイント

◎ 水中での人体に与える物理的要素

　潜水すると，我々の体は水中環境におかれることになり，種々の物理的要素の影響を受けます．その物理的要素には，次のようなものがあります．

水中での人体に与える物理的要素 = 圧力 + 熱 + 浮力 + 光 + 音 + 各種呼吸ガス

◎ 潜水時の大気環境との比較

　潜水時の環境を大気の環境と比較すると，下表のようになります．

区　分	大気の環境	潜水時の環境
圧　力	大気圧がかかっている	（大気圧＋水圧）がかかる
熱	・汗の蒸発による放熱作用がある ・空気の熱伝導率は小さい ・空気の比熱は小さい	・汗の蒸発による放熱作用がなく冷却力が大きい ・水の熱伝導率は大きい（空気の約25倍） ・水の比熱は大きい（水温を1℃上昇させるために必要な熱量は**同一体積の空気の3 600倍**）
浮　力	浮力を感じることはない	アルキメデスの原理での浮力を感じる
光	・光度が一様である ・自然光としての紫（380 nm）から赤（760 nm）までの可視光線がよく見える ・蜃気楼などは別として通常は光の屈折を意識しない	・水深とともに光度が減少する ・赤い色が吸収されるため物体が青っぽく見える ・屈折があるため物体が実際の位置より近くかつ大きく見える
音	音速は毎秒340 m程度と小さいため両耳効果が期待できる（音源方向の識別が可能）	音速は毎秒**1 400 m程度**と大きいため両耳効果が期待できない（音源方向の識別が不可能）
呼吸ガス	通常の空気による呼吸での障害はない	高圧力や減圧のもとでの呼吸ガスは中毒，麻酔作用などを引き起こす

基本問題 潜水時の大気の環境との比較についての記述のうち，誤っているものは次のうちどれか．

(1) 潜水時には，体に（大気圧＋水圧）がかかる．

(2) 潜水時には，汗の蒸発による放熱作用が大きくなり冷却力が小さい．

(3) 水深とともに光度が減少する．

(4) 音速は 1 400 m/s 程度と大きくなるので，両耳効果が期待できない．

(5) 呼吸ガスが中毒や麻酔作用を引き起こすことがある．

解 説 潜水時には汗の蒸発による放熱作用がなく**冷却力が大きく**なります．

【答】(2)

Check!

☑ **潜水時は汗の蒸発による放熱作用がない**

 応用問題 圧力に関する次の記述のうち，誤っているものはどれか．

(1) 潜水中に送気される空気の圧力が増加すると，呼吸抵抗は減少する．

(2) 潜水業務において使用する圧力計や深度計は，一般にゲージ圧が使用される．

(3) 静止した流体の任意の1点では，あらゆる方向の圧力がつり合っている．

(4) 密閉容器内に満たされた静止流体中の任意の1点に加えた圧力は，流体のあらゆる部分に伝達される．

(5) 潜水して高気圧環境下に入ると，増加した圧力は人体の体表面から内部に伝わり，全身に新しい圧力の平衡が生ずる．

解 説 潜水中に送気される空気の圧力が増加すると，呼吸抵抗も**増加**します．

【答】(1)

Check!

☑ **空気の圧力の増加 ➡ 呼吸抵抗の増加**

I 章

潜水業務に関する基礎知識

1-2. SI 単位

潜水士の試験は，国際単位系である SI 単位系で出題されるので，まずは単位系を覚えるよう心掛けてください.

I 編

潜水業務

ポイント

◎ SI 単位系の構成

SI 単位系は，7 つの基本単位とこれらから誘導される組立単位で構成されています.

$$\boxed{\text{組立単位}} \Rightarrow \boxed{\text{基本単位から誘導できる}}$$

◎ 基本単位

基本単位には下表に示す 7 つの単位があります.

① **長さ**：m（メートル）
② **質量**：kg（キログラム）
③ **時間**：s（セコンド）
④ **物質量**：mol（モル）
⑤ **電流**：A（アンペア）
⑥ **温度**：K（ケルビン）
⑦ **光度**：cd（カンデラ）

＊ ▢ 部分の m，kg，s（セコンド），K を確実に覚えてください.

◎ 組立単位

単位には功績のあった人名がつけられており，潜水に関係するものは下表のとおりです.

量	単 位	読み方	組立単位
圧 力	Pa	パスカル	N/m^2
力	N	ニュートン	$kg \cdot m/s^2$
エネルギー	J	ジュール	$N \cdot m$
仕事率	W	ワット	J/s
密 度			kg/m^3
速 度			m/s

＊ ▢ 部分を覚えておけば十分です.

注 意 密度は〔g/cm^3〕の単位も使用されます.

◎ 接頭辞

極端に大きい数量や小さい数量を扱う場合には，接頭辞を用いると簡潔に表現できます. また，10 進数に基づくため，換算も容易です.

▼ 接頭辞

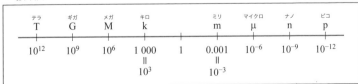

	テラ T	ギガ G	メガ M	キロ k		ミリ m	マイクロ μ	ナノ n	ピコ p
	10^{12}	10^9	10^6	1 000 ‖ 10^3	1	0.001 ‖ 10^{-3}	10^{-6}	10^{-9}	10^{-12}

基本問題 潜水に関する量と単位の組合せとして，誤っているものは次のうちどれか．

量	単位
（1）質量 ——————	kg
（2）温度 ——————	K
（3）圧力 ——————	N
（4）密度 ——————	kg/m³
（5）速度 ——————	m/s

解　説　**圧力は，単位面積を押す力で，その単位はパスカル〔Pa〕です．**

$$1\ \text{Pa} = 1\ \frac{\text{N}}{\text{m}^2}$$ の関係があります．なお，ニュートン〔N〕は力の単位です．

【答】（3）

Check!

〔N〕は力 ➡ 〔Pa〕は圧力

応用問題　潜水に関係する単位についての次の説明のうち，誤っているのはどれか．

（1）圧力の単位はパスカル〔Pa〕である．
（2）密度の単位は〔kg/m³〕である．
（3）1 kg/m³ は 1 g/cm³ の 1 000 倍の大きさである．
（4）音速の単位は〔m/s〕である．
（5）圧力の単位〔Pa〕は〔N/m²〕のことである．

解　説　潜水と圧力や密度とは密接な関係があり，単位をシッカリと覚えておく必要があります．1 kg/m³ = 1 000 g/m³ で，1 m³ = 1 000 000 cm³ だから，1 000 g/m³ = 1 000 g/1 000 000 cm³ = 1/1 000 g/cm³ となり，1/1 000 倍となります．言い換えれば，**1 g/cm³ = 1 000 kg/m³** となります．

【答】（3）

Check!

1 m = 100 cm，1 m³ = 100³ cm³

I-3. 圧力

学習ガイド 潜水についての物理特性のうち, 安全に潜水するためには, 「圧力」についての知識は最も重要です. 特に, 深度と圧力の関係を理解するようにしてください.

ポイント

◎ 全圧力と圧力

面に一様に力が作用している場合, **面全体に働く力が「全圧力」**で, **単位面積に働く力が「圧力」**です.

◎ 圧力の単位

圧力の単位は, SI 単位系ではパスカル〔Pa〕で, 1 Pa = 1 N/m² です. また, 大気圧は 0.1 MPa で, **0.1 MPa = 1 bar = 1 atm = 1 kg/cm²** の関係があります.

◎ 気圧の表現

1 気圧は, 水銀柱を 760 mm 押し上げる力です. 大気圧は 1 気圧（0.1 MPa）ですが, **水中では 10 m 深くなるごとに 1 気圧（0.1 MPa）ずつ圧力が増加します**. 同様に, **水中では 10 m 浅くなるごとに 1 気圧（0.1 MPa）ずつ圧力が減少します**.

つまり, 水中では, 大気圧と水圧の和の圧力を受けることになります.

〔**例**〕水深 100 m での圧力は, 11 気圧（1.1 MPa）となります.

◎ 絶対圧力とゲージ圧力

圧力計の目盛は大気圧をゼロ（基準）としており, 圧力計に表される圧力を**ゲージ圧力（ゲージ圧）**といいます. 一方, ゲージ圧力に大気圧を加えたもの, つまり, 絶対真空をゼロ（基準）としたものを**絶対圧力**といいます.

ゲージ圧力〔MPa〕 = 絶対圧力〔MPa〕 − 大気圧（0.1 MPa）

参考 潜水に用いる空気圧縮機や空気槽の圧力表示は, 「**ゲージ圧力**」が用いられます.

▼ 水中の圧力

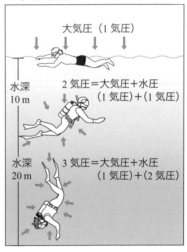

大気圧（1 気圧）

水深 10 m　2 気圧＝大気圧＋水圧（1 気圧）＋（1 気圧）

水深 20 m　3 気圧＝大気圧＋水圧（1 気圧）＋（2 気圧）

I編
潜水業務

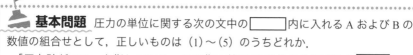

基本問題 圧力の単位に関する次の文中の[　　]内に入れる A および B の数値の組合せとして，正しいものは（1）〜（5）のうちどれか．

「圧力計が 50 bar を指している．この指示値を SI 単位に換算すると[A]MPa となり，また，この値を気圧の単位に換算すると概ね[B]atm となる」．

	A	B		A	B
(1)	0.5	0.5	(2)	0.5	5
(3)	5	5	(4)	5	50
(5)	50	50			

解説 1 bar = 0.1 MPa（バール・メガパスカル）であるので，50 bar = [5] MPa です．

また，圧力の単位の相互関係は，**1 atm（アトム）= 1 bar（バール）= 0.1 MPa（メガパスカル）**であるので，

1 atm : 0.1 MPa = x〔atm〕: 5 MPa

∴ $x = \dfrac{1 \times 5}{0.1} = [50]$ atm 　　　　　　　　　　　【答】（4）

Check!

☑ 圧力 ➡ 1 atm = 1 bar = 0.1 MPa

応用問題 圧力などに関する次の記述について，誤っているのはどれか．

(1) 大気圧は 1 気圧で，1 気圧 = 0.1 MPa である．

(2) 淡水の密度は 1.0 g/cm³ で，海水の密度は 1.025 g/cm³ と大きい．

(3) 水深 10 m では，大気圧 0.1 MPa と合わせ人体に約 2 気圧（0.2 MPa）が加わる．

(4) 水深に応じて増加した分の圧力を絶対圧力といい，潜水に使う圧力計や深度計には，通常，絶対圧力が使用される．

(5) 気圧は圧力の単位で，大気の質量の単位である．

解説 水深に応じて増加した分の圧力を**ゲージ圧力**といい，潜水に使う圧力計や深度計は，**ゲージ圧力**で目盛られています．絶対圧力は，ゲージ圧力に大気圧を加えたもので，ゲージ圧力より 0.1 MPa 大きい値です．

ちなみに，（2）の淡水と海水とでは海水の密度のほうが大きいので，潜水者の受ける圧力は海水のほうが大きくなります． 　　　　　　　　【答】（4）

Check!

☑ ゲージ圧力〔MPa〕= 絶対圧力〔MPa〕− 大気圧（0.1MPa）

I 章

潜水業務に関する基礎知識

学習ガイド

I-4. 流体に関する原理・法則

水や空気などの流体についての「原理・法則」を知っておくことは，潜水の学習の基本となります．それぞれの原理・法則の差をうまくつかんでください．

ポイント

◎ 流体に関する原理・法則

潜水に関係する「原理・法則」には，下表のようなものがあります．

名　称	説　明
パスカルの原理	①密閉した容器内の静止した流体の任意の一点に圧力を加えると，加えた圧力は流体のあらゆる方向に伝達される． ②水中にある物体には，どの面にも，（垂直方向に）均一の圧力が加わる．このため，同じ水深では深度計を上向きに置いても，下向きに置いてもその示す深度（圧力）は同じになる．
アルキメデスの原理	水中にある物体は，これと**同体積の水の質量に等しい浮力**を受ける．
ボイルの法則	気体の**体積は圧力に反比例**して変化する（気体の体積は，圧力が高くなると減少し，圧力が低くなると増加する）．
シャルルの法則	同一圧力に保った気体の**体積は温度が上昇すると増加**し，温度が下がると減少する（体積は，温度が 1 ℃ 変化すると 1/273 ずつ変化する）．
ヘンリーの法則	気体と液体が接しているとき，気体は飽和状態になるまで液体に溶け込むが，液体中に**溶け込むことのできる気体の量**は，**温度が一定であれば，その気体の圧力に比例**する（水深 10 m では液体中に溶け込む気体の量は大気圧の 2 倍になる）．
ダルトンの法則	2 種類以上のガスの分圧の和は，混合気体の全圧と等しくなる． **（混合気体の全圧）＝（ガス分圧の和）**

▼ パスカルの原理

圧力は流体のあらゆる方向に伝達される

▼ アルキメデスの原理

沈んでいる部分と同体積の水の質量相当の力で押し上げられる

基本問題 気体に関する原理，法則として，誤っているのは次のうちどれか．

(1) アルキメデスの原理：水中にある物体は，これと同じ体積の水の質量に等しい浮力を受ける．

(2) ボイルの法則：気体は圧力によってその体積が変化する性質がある．

(3) ヘンリーの法則：液体中に溶け込むことのできる気体の量は，温度が一定であれば，その気体の分圧に比例する．

(4) ダルトンの法則：2種類以上のガスの分圧の和は，混合気体の全圧に等しい．

(5) シャルルの法則：同一圧力に保った気体の体積は温度が上昇すると減少し，温度が下がると増加する．

解 説 「シャルルの法則」によれば，同一圧力に保った気体の体積は温度が上昇すると増加し，温度が下がると減少します． 【答】(5)

Check!
☑ 気体の体積は温度が上昇すると増加

応用問題 水で満たされた直径1cm，2cm，3cmの径の異なる三つの円筒のシリンダが連絡している下図の装置で，ピストンAに2Nの力を加えたとき，ピストンBおよびCに作用する力の組合せとして，次のうち正しいものはどれか．

	B	C
(1)	2 N	3 N
(2)	4 N	6 N
(3)	8 N	12 N
(4)	8 N	18 N
(5)	16 N	36 N

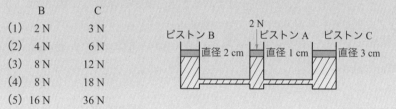

解 説 パスカルの原理によって，ピストンA，B，Cの水圧は等しいので，ピストンの半径をr，直径をDとすると，

$$\text{それぞれの水圧} = \text{力}/\text{面積} = \text{力}/(\pi r^2) = \text{力}/(\pi D^2/4)$$

となり，$(\text{力}/D^2) = $ 一定となります．ピストンB，Cに作用する力をそれぞれF_B，F_Cとすると，$2/(1^2) = F_B/(2^2) = F_C/(3^2) \rightarrow 2 = F_B/4 = F_C/9$

∴ $F_B = 2 \times 4 = $ **8 N**　　$F_C = 2 \times 9 = $ **18 N** 【答】(4)

Check!
☑ 単位に着目 ➡ 圧力〔Pa〕= 力／面積〔N/m²〕

I-5. ボイルの法則とシャルルの法則

ボイルの法則は，「気体の体積は圧力に反比例して変化する」という内容でしたが，具体的に数式を使用した計算ができるように実力をつけてください.

ポイント

ボイルの法則

ボイルの法則は「**気体の体積 V は圧力 P に反比例して変化する**」というもので，言い換えると $\boxed{PV = k(一定)}$ として表せます.

いま，変化前の気体の圧力を P_1, 体積を V_1 とし，変化後の気体の圧力を P_2, 体積を V_2 とすると, ボイルの法則は次のように表せます.

$$\boxed{P_1 V_1 = P_2 V_2}$$

この式から，「**気体の体積は，圧力が高くなると減少し，圧力が低くなると増加する**」ことが理解できるはずです.

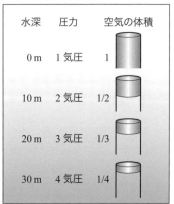

▼ 気圧と体積の変化

水深	圧力	空気の体積
0 m	1 気圧	1
10 m	2 気圧	1/2
20 m	3 気圧	1/3
30 m	4 気圧	1/4

シャルルの法則

シャルルの法則は，「**圧力が一定であるとき，気体の体積 V は絶対温度 T に比例して変化する**」というもので，言い換えると $\boxed{V/T = k(一定)}$ として表せます.

したがって，同一圧力に保った気体の体積は，温度が上がると増加し，温度が下がると減少します.

ボイル・シャルルの法則

気体の絶対温度を T 〔K〕, 絶対圧力を P 〔Pa〕, 体積を V 〔L〕とすると,

$$\boxed{\dfrac{PV}{T} = k \ (一定)}$$

であるとするものです.

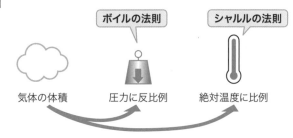

ボイルの法則	シャルルの法則
気体の体積	圧力に反比例	絶対温度に比例

基本問題 圧力に関する記述で誤っているのはどれか.

(1) 圧力は, 物体の表面に垂直に働く力である.

(2) 気体は, ボイルの法則により「圧力によって体積が変化する」性質がある.

(3) 気体は, 圧力が増加すると体積が減少し, 圧力が減少すると体積は増加する.

(4) 気体の体積は, 圧力と温度の 2 条件を示すことが必要で, 通常 1 気圧 10 ℃ の状態のことを「標準状態」という.

(5) 同一圧力に保たれた気体の体積は, 温度が 1 ℃ 低下すると, もとの体積の 1/273 減少する.

解 説 気体は **1 気圧 0 ℃** の状態のことを「標準状態」といいます.

【答】(4)

気体の標準状態 ➡ 1 気圧 0 ℃

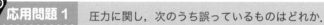 **応用問題 1** 圧力に関し, 次のうち誤っているものはどれか.

(1) 潜水業務において使用される圧力計には, ゲージ圧力が表示される.

(2) 水深 20 m で潜水時に受ける圧力は, 大気圧と水圧の和であり, 絶対圧力で約 0.3 MPa となる.

(3) 1 気圧は, 国際単位系(SI 単位)で表すと, 約 101.3 kPa または約 0.1013 MPa である.

(4) 気体は温度が一定の場合, 圧力 P と体積 V について $P/V =$ 一定の関係が成り立つ.

(5) 静止している流体中の任意の一点ではあらゆる方向の圧力がつり合っている.

解 説 気体の温度が一定のとき, 気体の圧力 P と体積 V には **$PV =$ 一定** の関係があり, これを**ボイルの法則**といいます. ボイルの法則に従って, **水深が大きくなって圧力が増すと気体の体積は減少**します.

参考 1 気圧は, SI 単位では約 101.3 kPa または約 0.1013 MPa です.

<u>1 気圧 = 1 013 hPa=101.3 kPa = 0.1013 MPa</u>
ヘクトパスカル　キロパスカル　メガパスカル

ですが, 潜水士試験の計算では近似計算で十分なので,

<u>1 気圧 = 1 atm = 1 bar = 0.1 MPa</u>

として計算するとよいでしょう.

【答】(4)

ボイルの法則 ➡ 圧力 P と体積 V は $PV =$ 一定

潜水業務に関する基礎知識

応用問題 2 水深 30 m での 5 L の空気は，大気圧下では約何〔L〕になるか．

(1) 10 L　　(2) 20 L　　(3) 30 L　　(4) 40 L　　(5) 50 L

解説 水深 30 m の絶対圧力は 0.4 MPa で，大気圧の絶対圧力は 0.1 MPa です．**絶対圧力 P ×体積 V ＝一定**であるので，

$$0.4\ \text{MPa} \times 5\ \text{L} = 0.1\ \text{MPa} \times 大気圧下での体積$$

∴　大気圧下での体積 $= \dfrac{0.4\ \text{MPa} \times 5\ \text{L}}{0.1\ \text{MPa}} = \mathbf{20\ L}$　　　　【答】(2)

Check!
✔ 絶対圧力 P ×体積 V ＝一定 ➡ P と V は反比例

応用問題 3 体積が 10 L になったら破裂するビニル製の風船がある．この風船に深さ 15 m の水中において空気ボンベにより 5 L の体積になるまで空気を注入し浮上させたとき，この風船はどうなるか．

(1) 水面まで浮上しても破裂しない．　　(2) 水深 2.5 m において破裂する．
(3) 水深 5 m において破裂する．　　(4) 水深 7.5 m において破裂する．
(5) 水深 10 m において破裂する．

解説 水深 15 m の絶対圧力は 0.25 MPa で，大気圧の絶対圧力は 0.1 MPa です．

ボイルの法則より，

　　絶対圧力 P ×体積 V ＝一定

であるので，風船が破裂するときの絶対圧力を P' とすると，

$$0.25\ \text{MPa} \times 5\ \text{L} = P'\text{〔MPa〕} \times 10\ \text{L}$$

∴　$P' = \dfrac{0.25 \times 5}{10} = \mathbf{0.125\ MPa}$

となって，風船は**水深 2.5 m において破裂**します．　　　　【答】(2)

▼ 水深と気体の体積

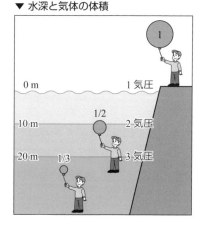

Check!
✔ ボイルの法則で使用する圧力 ➡ 絶対圧力

応用問題 4 大気圧下で 10 L の空気を注入したゴム風船がある．このゴム風船を深さ 15 m の水中に沈めたとき，ゴム風船の体積を 10 L に維持するために，大気圧下でさらに注入しなければならない空気の体積として正しいものはどれか．
ただし，ゴム風船のゴムによる圧力は考えないものとする．
(1) 5 L　(2) 10 L　(3) 15 L　(4) 20 L　(5) 25 L

解　説　ボイルの法則の（**絶対圧力 P×体積 V＝一定**）を使用します．

大気圧を P_1，大気圧下でのゴム風船の体積を V_1，水深 15 m での圧力を P_2，そのときの体積を V_2 とすると，

$$P_1 V_1 = P_2 V_2 = 0.1\,\text{MPa}\times V_1\,(\text{L}) = 0.25\,\text{MPa}\times 10\,\text{L}$$

（大気圧の絶対圧力は 0.1 MPa で，水深 15 m の絶対圧力は 0.25 MPa）

$$\therefore V_1 = \frac{P_2 V_2}{P_1} = \frac{0.25\times 10}{0.1} = 25\,\text{L}$$

したがって，ゴム風船の体積を 10 L に維持するために，大気圧下でさらに注入しなければならない空気の体積は，

$$V_1 - 10 = 25 - 10 = \textbf{15 L}$$

【答】(3)

Check!

ゴム風船の体積は大気圧下のほうが大きい

応用問題 5 内容積 12 L のボンベに空気が温度 17 ℃，圧力 18 MPa（ゲージ圧力）で充塡されている．このボンベ内の空気の質量に最も近いものは，次のうちどれか．
ただし，温度 17 ℃，0.1 MPa（絶対圧力）における空気の密度は 1.22 kg/m³ とする．
(1) 1.45 kg　(2) 1.85 kg　(3) 2.25 kg　(4) 2.65 kg　(5) 3.05 kg

解　説　ゲージ圧力 18 MPa＝絶対圧力 18.1 MPa で，大気圧＝絶対圧力 0.1 MPa です．ボイルの法則より，**絶対圧力 P×体積 V＝一定**であるので，絶対圧力 18.1 MPa のときの体積は大気圧の場合の 1/181 倍の大きさとなります．

$$\text{空気の密度} = \frac{\text{空気の質量}}{\text{空気の体積}}$$

ですから，空気の密度は大気圧の場合の 181 倍の大きさとなります．したがって，ボンベ内の空気の質量 m は，

潜水業務に関する基礎知識

I 章

$m = $ 内容積

$\qquad \times$絶対圧力 18.1 MPa での空気の密度

$\qquad = (12 \times 10^{-3}\,\text{m}^3) \times (181 \times 1.22\ \text{kg/m}^3)$

$\qquad = \mathbf{2.65\ kg}$ 【答】(4)

Check!

ボンベ内の空気 ➡ 密度は絶対圧力に比例する

応用問題 6 前問のボンベ内の空気が 57 ℃ に熱せられたときのボンベ内の圧力（ゲージ圧力）に最も近いものは次のうちどれか．

ただし，0 ℃ は絶対温度で 273 K とする．

(1) 18.5 MPa　　(2) 19.5 MPa　　(3) 20.5 MPa

(4) 21.5 MPa　　(5) 22.5 MPa

解 説　空気の絶対温度が T_1〔K〕のときの絶対圧力を P_1〔MPa〕，体積を V_1〔L〕とし，空気の絶対温度が T_2〔K〕のときの絶対圧力を P_2〔MPa〕，体積を V_2〔L〕として，**ボイル・シャルルの法則**を適用すると，

$$\frac{P_1 V_1}{T_1} = \frac{P_2 V_2}{T_2}$$

と表せます．ここで，絶対温度 T〔K〕= 摂氏温度〔℃〕+ 273 であることに注意して上式に数値を代入すると，

$$\frac{18.1 \times 12}{17 + 273} = \frac{P_2 \times 12}{57 + 273} \rightarrow \frac{18.1}{290} = \frac{P_2}{330}$$

$$\therefore \ P_2 = \frac{18.1 \times 330}{290} = 20.6\ \text{MPa}$$

20.6 MPa は絶対圧力であるので，

ゲージ圧力 = 絶対圧力 − 0.1 = 20.6 − 0.1 = **20.5 MPa** 【答】(3)

Check!

ボイル・シャルルの法則 ➡ $\dfrac{PV}{T} = $ 一定

I-6. ダルトンの法則とヘンリーの法則

学習ガイド　ダルトンの法則は、「2種類以上のガスの分圧の和は、混合気体の全圧と等しくなる」で、ヘンリーの法則は、「液体中に溶け込むことのできる気体の量は、温度が一定であれば、その気体の分圧に比例する」でした。本節では、これらをもう少し詳しく学習します。

ポイント

🌀 ダルトンの法則

ダルトンの法則は、「**2種類以上のガスの分圧の和は、混合気体の全圧と等しくなる**」とする分圧の法則で、1気圧の空気に当てはめると次のようになります。

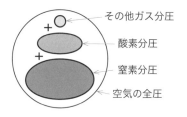

その他ガス分圧
酸素分圧
窒素分圧
空気の全圧

空気は混合ガスで、含まれるガスの比率は、

> 酸素：窒素：その他ガス = 21 % : 78 % : 1 %

となっています。このため、それぞれの分圧の和は、空気の全圧に等しくなるので、 酸素分圧 0.21 気圧 + 窒素分圧 0.78 気圧 + その他ガス分圧 0.01 気圧 = 1 気圧 となります。

🌀 ヘンリーの法則

ヘンリーの法則は、「**液体中に溶け込むことのできる気体の質量は、温度が一定であれば、その気体の分圧に比例する**」というものです。このため、潜水時に高圧空気を呼吸すると人体に溶け込む**窒素の量も潜水深度に比例して増加する**ことになります。

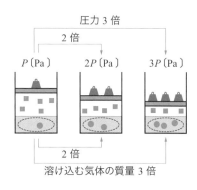

圧力 3 倍
2 倍
P (Pa)　　$2P$ (Pa)　　$3P$ (Pa)
2 倍
溶け込む気体の質量 3 倍

解説　大気圧は 0.1 MPa を加味すると，ゲージ圧力 0.2 MPa の絶対圧力は 0.3 MPa です．空気中の窒素の含有率が 78 % であるので，窒素の分圧は**ダルトンの法則**を用いて，次式で求められます．

> 窒素の分圧 $= 0.78 \times 0.3$ MPa $= 0.234$ MPa $\fallingdotseq$ **0.23 MPa**　　　　【答】（4）

Check!
✅
窒素の分圧 = 窒素の含有率×絶対圧力

🔧 **応用問題 1**　200 kPa の酸素 9 L と 500 kPa の窒素 3 L を，6 L の容器に封入したときの酸素の分圧 A と窒素の分圧 B として，正しい値の組合せは（1）～（5）のうちどれか．ただし，酸素と窒素の温度は，封入前と封入後で変わらないものとし，圧力は絶対圧力である．

	A	B
（1）	200 kPa	500 kPa
（2）	250 kPa	300 kPa
（3）	300 kPa	250 kPa
（4）	350 kPa	350 kPa
（5）	500 kPa	200 kPa

解説　6 L の容器に封入する前後で，酸素および窒素についてボイルの法則が適用できます．6 L の容器に封入した後の酸素の分圧を p_1，窒素の分圧を p_2 とすると，封入の前後で温度が変わらないので，**絶対圧力 P × 体積 V = 一定**です．

　　　　　　　封入前　　封入後

酸素　| 200 kPa×9 L = p_1×6 L |　　$\therefore$ **$p_1 = 300$ kPa**

窒素　| 500 kPa×3 L = p_2×6 L |　　$\therefore$ **$p_2 = 250$ kPa**

となります．　　　　　　　　　　　　　　　　　　　　　　　　　【答】（3）

Check!
✅
ボイルの法則 ➡ 気体の圧力×体積 = 一定

応用問題 2 3 L の容器 A と 2 L の容器 B が活栓を閉じた状態で配管により連結してあり，容器 A には 250 kPa の酸素が，容器 B には 200 kPa の窒素が入れてあるとき，活栓を開いて酸素と窒素を混合させたときの混合気体の圧力〔kPa〕は次のうちどれか．ただし，配管部の容積は無視するものとする．

(1) 130
(2) 200
(3) 230
(4) 250
(5) 450

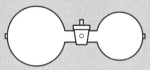

容器 A
酸素 3 L

容器 B
窒素 2 L

解 説 活栓を開くと全体の体積は 5 L になるので，このときの酸素の分圧 p_1 と窒素の分圧 p_2 は，ボイルの法則より，

$$250 \text{ kPa} \times 3 \text{ L} = p_1 \times 5 \text{ L} \quad \therefore p_1 = 150 \text{ kPa}$$
$$200 \text{ kPa} \times 2 \text{ L} = p_2 \times 5 \text{ L} \quad \therefore p_2 = 80 \text{ kPa}$$

したがって，ダルトンの法則より，

混合気体の圧力 $= p_1 + p_2 = 150 + 80 = $ **230 kPa**

となります． 【答】(3)

Check!
ダルトンの法則 ➡ 混合気体の全圧 ＝ 分圧の和

応用問題 3 窒素の水への溶解に関する次の文中の［　］内に入れる A および B の語句の組合せとして，正しいものは (1) ～ (5) のうちどれか．

「温度が一定のとき，一定量の水に溶解する窒素の［ A ］は，その窒素の分圧に［ B ］」．

	A	B		A	B
(1)	質量	かかわらず一定である	(2)	体積	反比例する
(3)	質量	反比例する	(4)	体積	比例する
(5)	質量	比例する			

解 説 文章を完成させると，「温度が一定のとき，一定量の水に溶解する窒素の 質量 は，その窒素の分圧に 比例する 」．

これは，溶解度の小さい気体では，「**液体中に溶け込むことのできる気体の質量は，温度が一定であれば，その気体の分圧に比例する**」というヘンリーの法則の定義の中の気体部分を窒素に置き換えたものです． 【答】(5)

> **Check!** ✓☑
>
> 温度一定のとき ➡ 気体の溶解量は分圧に比例

応用問題 4 気体の液体への溶解に関する次の文中の　　　に入れる A および B の語句の組合せとして正しいものは (1) ～ (5) のうちどれか.

「温度が一定のとき，一定量の液体に溶解する気体の　A　は，その気体の分圧に　B　」.

	A	B		A	B
(1)	体積	かかわらず一定である	(2)	体積	反比例する
(3)	質量	反比例する	(4)	体積	比例する
(5)	質量	かかわらず一定である			

解説 ヘンリーの法則は，「**液体中に溶け込むことのできる気体の質量は，温度が一定であれば，その気体の分圧に比例する**」とするものです.

ヘンリーの法則を，気体の質量でなく気体の体積側から見ると次のとおりです.

「温度が一定のとき，一定量の液体に溶解する気体の **体積** は，その気体の分圧に **かかわらず一定である**」. 　　　　　　　　　　　　　　　　　　【答】(1)

> **Check!** ✓☑
>
> 温度一定のとき ➡ 溶解する気体の体積は一定

応用問題 5 気体の液体への溶解に関する次の文中の　　　内に入れる A および B の語句の組合せとして，正しいものは (1) ～ (5) のうちどれか.

ただし，その気体のその液体に対する溶解度は小さく，また，その気体はその液体と反応する気体ではないものとする.

・温度が一定のとき一定量の液体に溶解する気体の質量はその気体の圧力に　A　.
・温度が一定のとき一定量の液体に溶解する気体の体積はその気体の圧力に　B　.

	A	B
(1)	かかわらず一定である	比例する
(2)	反比例する	比例する
(3)	反比例する	かかわらず一定である
(4)	比例する	反比例する
(5)	比例する	かかわらず一定である

解説 ヘンリーの法則を，気体の質量側からと気体の体積側から見た両者のポイントを文章化したものです. 　　　　　　　　　　　　　　　【答】(5)

Check!
☑ **液体への気体の溶解** ➡ **溶解質量は圧力に比例**

応用問題 6 気体の圧力と溶解に関し，次のうち誤っているものはどれか.

(1) 気体が液体に接しているとき気体はヘンリーの法則に従って液体に溶解する.

(2) 気体がその圧力下で液体に溶けて溶解度に達した状態，すなわち限度いっぱいまで溶解した状態を飽和という.

(3) 0.2 MPa（絶対圧力）の圧力下において一定量の液体に溶解する気体の体積は，0.1 MPa（絶対圧力）の圧力下において溶解する体積の約 2 倍となる.

(4) 潜降するとき，呼吸する空気中の窒素分圧の上昇に伴って体内に溶解する窒素量も増加する.

(5) 浮上するとき，呼吸する空気中の窒素分圧の低下に伴って，体内に溶解していた窒素が体内で気泡化することがある.

解 説 温度が一定であれば，一定量の液体に溶解する気体の体積は，その気体の圧力にかかわらず一定です．0.2 MPa（絶対圧力）から 0.1 MPa（絶対圧力）の圧力に変化しても溶解する気体の体積は変わりません．　　　　【答】(3)

Check!
☑ **液体への気体の溶解** ➡ **溶解体積は圧力に無関係**

応用問題 7 20 ℃，1 L の水に接している 0.2 MPa（ゲージ圧力）の空気がある．これを 0.1 MPa（絶対圧力）まで減圧し，水中の窒素が空気中に放出されるための十分な時間が経過したとき，窒素の放出量（0.1 MPa（絶対圧力）時の体積）に最も近いものは次のうちどれか．ただし，空気中の含まれる窒素の割合は 80 ％とし，0.1 MPa（絶対圧力）の窒素 100 ％の気体に接している 20 ℃ の水 1 L には 17 cm³ の窒素が溶解するものとする.

(1) 14 cm³

(2) 17 cm³

(3) 22 cm³

(4) 27 cm³

(5) 34 cm³

解 説 本問は，ヘンリーの法則を用いた計算問題です.

気体が液体に溶解する量は絶対圧力に比例します．問題中にある「0.2 MPa（ゲージ圧力）を 0.1 MPa（絶対圧力）まで減圧する」との表現は，言い換えて

みると「**0.3 MPa（絶対圧力）を 0.1 MPa（絶対圧力）まで減圧する**」というこ
とと同じです．0.1 MPa（絶対圧力）に溶解する窒素が 17 cm³ であるので, 0.3 MPa
（絶対圧力）では 17 cm³×3 = 51 cm³ となります．したがって，

　　　　放出量 = 51 cm³ − 17 cm³ = 34 cm³

となります．これは，窒素が 100 ％ の場合であり，問題中には空気中に含まれ
る窒素の割合は 80 ％ と与えられているので，

　　　　実際の窒素の放出量 = 0.8×34 = **27.2 cm³**

となります．　　　　　　　　　　　　　　　　　　　　　　　　　【答】（4）

Check!

☑　　　　溶解の問題の解き方 ➡ 絶対圧力を使用して計算

I-7. 呼吸に関係する気体の性質と障害

学習ガイド

呼吸に関係する気体は，酸素と窒素が主成分で，ヘリウム，一酸化炭素，二酸化炭素もわずかに含まれています．空気の組成，ガスの性質と障害は出題の常連です．

ポイント

◎ 空気の組成

空気は，窒素，酸素，アルゴン，二酸化炭素などから構成されています．その比率は，**窒素が78 %，酸素が21 %** で，**その他は1 %（アルゴンや二酸化炭素（0.03 %）など）** となっています．

空気の成分は，高さ100 km近くまではほとんど変わりません．

◎ 呼吸に関係する気体の性質と障害

酸素，窒素，ヘリウム，一酸化炭素，二酸化炭素の特性と障害についてまとめると下表のようになります．

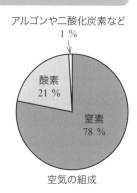

アルゴンや二酸化炭素など 1 %

酸素 21 %

窒素 78 %

空気の組成

気体名	性　質	障害内容
酸素 (O_2)	**空気中に21 %** 含まれ，**無色・無味・無臭** の気体で，液体に少し溶ける．	高圧力の下での純度の高い酸素は，**酸素中毒** を引き起こす．
窒素 (N_2)	**空気中に78%** 含まれ，**無色・無味・無臭** の気体で，化学的に安定な不活性ガスである．	高圧力の下で**麻酔作用があり窒素酔い** を引き起こす．**急激な減圧をすると減圧症***を引き起こす．
ヘリウム (He)	**無色・無味・無臭の極めて軽い**気体で，化学的に他の元素とまったく化合せず，不活性ガスである．	**熱伝導率が高いため潜水者の体温の低下**を招くほか，アヒルの声に似た**ダックボイス**による**音声不明瞭**を引き起こす．
一酸化炭素 (CO)	**無色・無味・無臭の有毒**な気体で，物質の**不完全燃焼**などで発生する．	**微量でも吸入すると中毒症状**を引き起こす．
二酸化炭素 （炭酸ガス） (CO_2)	**空気中に0.03 %** 含まれ，**無色・無味・無臭**の気体で，**人体の代謝作用や物質の燃焼によって生じる**．	**人の呼吸維持に微量必要**であるが，大気圧下で**2 %以上の濃度になると中毒作用**を引き起こす．

*p. 166「減圧症の原因と症状」参照．

I章

潜水業務に関する基礎知識

27

基本問題 気体の性質などに関し，次のうち誤っているものはどれか．

(1) 酸素は，無色，無臭の気体で，酸素自身は燃えたり，爆発することはないが，可燃物の燃焼を支える性質がある．

(2) 窒素は，常温では化学的に安定した不活性の気体である．

(3) ヘリウムは，質量が極めて小さく，他の元素と化合しやすい気体で，呼吸抵抗は少ない．

(4) 一酸化炭素は，無色，無臭の有毒な気体であって，物質の不完全燃焼などによって生ずる．

(5) 空気は，酸素，窒素，アルゴン，二酸化炭素などの混合気体である．

解 説 **ヘリウムの特徴**は，次のとおりです．

① **無色・無臭**の気体である．

② 水素に次いで軽く，**密度が極めて小さいため呼吸抵抗は少ない**．

③ 化学的に安定で**他の元素とまったく化合しない不活性ガス**である．

④ **窒素のような麻酔作用がない**． 【答】（3）

Check!
 ヘリウム ➡ 他の元素と化合しない

応用問題 1 気体の性質に関し，次のうち誤っているものはどれか．

(1) 二酸化炭素は，人体の代謝作用や物質の燃焼によって発生する無色，無臭の気体で，人の呼吸の維持に微量必要なものである．

(2) 窒素は，無色，無臭で常温では化学的に安定した不活性の気体であるが，高圧下では麻酔作用がある．

(3) 酸素は，無色，無臭の気体で，生命維持に必要不可欠なものであり，人体には呼吸ガス中の酸素濃度が高ければ高いほど良い．

(4) ヘリウムは，無色，無臭で，化学的に非常に安定した極めて軽い気体である．

(5) 一酸化炭素は，無色，無臭の有毒な気体で，物質の不完全燃焼などによって発生する．

解 説 酸素は生命の維持には欠かせませんが，その濃度は低すぎても高過ぎても人体に悪影響を与えます．純度の高い酸素は，酸素中毒を引き起こします．

【答】（3）

低過ぎ←　酸素濃度　→高過ぎ
（酸素欠乏症）　　　　（酸素中毒）

Check!
 純度が高い酸素 ➡ 酸素中毒を引き起こす

応用問題 2　気体の性質に関し，次のうち正しいものはどれか．

(1) ヘリウムは，無色，無臭の化学的に安定した不活性の気体で，密度が極めて小さく，呼吸抵抗は少ない．

(2) 窒素は，無色，無臭で，水に溶けやすい気体で，高濃度では麻酔作用がある．

(3) 二酸化炭素は，無色，無臭の気体で空気中に約 0.3 % の割合で含まれている．

(4) 酸素は，無色，無臭の気体で，生命維持に必要不可欠なものであり，空気中の酸素濃度が高ければ高いほど人体に良い．

(5) 一酸化炭素は，物質の不完全燃焼などによって生じ，無色の有毒な気体であるが，異臭をもつため発見は容易である．

解　説　(2) **窒素は水に溶けにくい気体**です．(3) **二酸化炭素**は無色，無臭の気体で**空気中に 0.03 %** 含まれています．(4) **酸素は純度が高いと酸素中毒**を引き起こします．(5) **一酸化炭素は無色，無臭**で有毒な気体です．　【答】(1)

Check!
二酸化炭素 ➡ 空気中の含有率は 0.03 %

応用問題 3　気体の性質に関し，次のうち正しいものはどれか．

(1) 気体にかける圧力を高くすると，体積も密度も小さくなる．

(2) 窒素は，無色，無臭で常温，常圧では化学的に安定した不活性の気体であるが，高圧下では麻酔作用がある．

(3) 二酸化炭素は，無色，無臭の気体で空気中に約 0.3 % の割合で含まれている．

(4) 酸素は，無色，無臭で，生命維持に必要不可欠なものであり，人体には濃度が高ければ高いほど良い．

(5) 一酸化炭素は，物質の不完全燃焼などによって生じ，無色の有毒な気体であるが，異臭をもつため発見は容易である．

解　説　(1) ボイルの法則によって**体積は小さく密度は大きく**なります．

(3) **二酸化炭素**は，無色，無臭の気体で空気中に 0.03 % 含まれています．

(4) **酸素**は，無色，無臭で，他のものの燃焼を助ける支燃性の気体であって，その**純度が高いと酸素中毒**を引き起こします．

(5) **一酸化炭素**は，物質の不完全燃焼などによって生じ，**無色，無臭**なため，発見は困難です．呼吸によって**体内に入ると，血液中のヘモグロビンが酸素を運びにくくなるので有毒**です．　　　　　　　　　　　　　　　　　　　【答】(2)

Check!
窒素 ➡ 高い圧力下で窒素酔いを引き起こす

Ⅰ章

潜水業務に関する基礎知識

I-8. アルキメデスの原理と浮力

学習ガイド　実際の潜水では，水中にある物体と水の比重の大小関係によって浮力の増減が起こります．ここでは，アルキメデスの原理と浮力を中心に学習します．

ポイント

◎ アルキメデスの原理

アルキメデスの原理は，「**水中にある物体は，これと同体積の水の質量に等しい浮力を受ける**」とするものです．

◎ プラスの浮力

「**水中にある物体の比重＜水の比重**」の状態では，**体が浮き上がる**ように浮力が働きます．具体的には，ヘルメット式潜水服を着て潜水中，送気が増したにもかかわらず排気調整を行わないと服が膨れ上がって浮力が働き，浮上に伴い体積増加により浮力が加速的に大きくなる「**吹上げ**」を生じます．

◎ 中性浮力

「**水中にある物体の比重＝水の比重**」の状態では，**中性浮力**が働きます．この状態では，潜水者の体が浮きも沈みもしません．

◎ マイナスの浮力

「**水中にある物体の比重＞水の比重**」の状態では，**体が沈もうとする**ように浮力の減少が働きます．具体的には，ヘルメット式潜水服を着て潜水中，送気が減少したにもかかわらず排気調整を行わないと服が縮み体積が減少する結果，浮力も加速的に小さくなる「**潜水墜落**」を生じます．

①プラスの浮力	②中性浮力	③マイナスの浮力
水中にある物体の比重＜水の比重	水中にある物体の比重＝水の比重	水中にある物体の比重＞水の比重

基本問題 圧力または浮力に関し，次のうち誤っているものはどれか．
(1) 圧力は，単位面積当たりに作用する力を意味する．
(2) 2種類以上のガスにより構成される混合気体の圧力は，それぞれのガスの分圧の和に等しい．
(3) 1気圧は，国際単位系（SI単位）では約1 013 hPaまたは約0.1013 MPaである．
(4) 水中にある物体は，これと同体積の水の重量に等しい浮力を受ける．
(5) 海水中にある物体が受ける浮力は，同一の物体が淡水中で受ける浮力より小さい．

解 説 浮力の大きさは，比重に比例します．**比重**は，**淡水が1**に対し，**海水は1.025**であるので，浮力は海水中のほうが大きくなります． **【答】**(5)

Check!
✓ **浮力は淡水中より海水中のほうが大きい**

応用問題 1 浮力に関し，次のうち誤っているものはどれか．
(1) 水中にある物体が，水から受ける上向きの力を浮力という．
(2) 水中に物体があり，この物体の質量が，この物体と同体積の水の質量と同じ場合は，中性浮力の状態となる．
(3) 海水は淡水より密度がわずかに大きいので，作用する浮力もわずかに大きい．
(4) 圧縮性のない物体は水深によって浮力は変化しないが，圧縮性のある物体は水深が深くなるほど浮力は小さくなる．
(5) 同じ体積の物体であっても，重心の低い形の物体は，重心の高い形の物体よりも浮力が大きい．

解 説 浮力の大きさは，**物体の体積によって決まり，重心の位置には無関係**です．したがって，同じ体積の物体であれば重心の低い形の物体と重心の高い形の物体の浮力は同じです． **【答】**(5)

Check!
✓ **浮力の大きさ ➡ 重心の位置には無関係**

応用問題 2 流体内の圧力の分布と伝達で，誤っているのは次のうちどれか．
(1) 水や空気は，それ自身定まった形をもたず，小さな力で大きく変形する．
(2) 流体に加えた圧力は，流体のあらゆる部分に伝達される．この性質を「パスカルの原理」という．

潜水業務に関する基礎知識

(3) 水中の高気圧環境下に潜水した場合，増加した圧力が体表面から内部に伝わり新しい圧力の平衡が起きる．

(4) 密閉容器内の静止流体の任意の一点の圧力を増すと，他のすべての点でその分だけ圧力が増える．この性質を「アルキメデスの原理」という．

(5) 静止した流体では，その中の任意の点で，あらゆる方向の圧力が一定である．

解　説　「アルキメデスの原理」は，**浮力に関するもの**です．　　【答】(4)

Check!
✓ 　　　　　　　浮力 ➡ アルキメデスの原理

 応用問題 3　体積 500 cm³ で質量が 350 g の木片が下図のように水面に浮いている．この木片の水面下にある部分の体積は何〔cm³〕か．

(1) 300 cm³　　(2) 325 cm³　　(3) 350 cm³

(4) 375 cm³　　(5) 400 cm³

解　説　下向きに木片を引っ張る重力（重さ）の大きさと，上向きに木片を支えている浮力の大きさが等しいため木片は浮いています．

1 kg = 9.8 N であるので，質量 m = 100 g = 0.1 kg の木片に働く力は約 1 N となります．

質量 350 g の木片が浮いているとき，木片に働く力は，約 3.5 N で，浮力も 3.5 N です．

浮力が 3.5 N であるので，木片の水面下にある部分の体積は 350 cm³ となります．　　　　　　　　　　　　　　　　　　　　　　　　　　【答】(3)

浮いているとき
重さ＝浮力

Check!
✓ 　　　　　　浮いているとき ➡ 重さ＝浮力

 応用問題 4　右図のように，深さ 10 m の水中で中性浮力の状態で静止している体積 500 cm³ で質量 4 kg のおもりをくくりつけた空気入りのゴム風船を水面上まで浮上させたとき，このゴム風船の体積は何〔L〕になるか．

(1) 3.5 L　　(2) 4 L

(3) 5 L　　　(4) 7 L

(5) 10 L

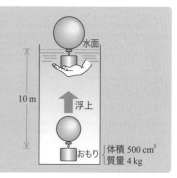

解 説 おもりの体積が 500 cm³ であるので，おもりの浮力は 0.5 L となります．深さ 10 m の水中で中性浮力の状態で静止するためには，

中性浮力 = 沈む力 - おもりの浮力

$$= 4 - 0.5 = 3.5\ L$$

となり，深さ 10 m の水中での体積は水面では 2 倍となることから，空気入りのゴム風船を水面上まで浮上させたときのゴム風船の体積 V は，

$$V = 3.5×2 = \textbf{7 L} \qquad 【答】(4)$$

浮力 浮力
浮力

Check!

☑ 中性浮力 ＝ 沈む力 － おもりの浮力

応用問題 5 右図のように，質量 50 g のおもりを糸でつるした質量 10 g，断面積 4 cm²，長さ 30 cm の細長い円柱状の浮きが，上端を水面上に出して静止している．この浮きの上端の水面からの高さ h は何〔cm〕か．

ただし，糸の質量および体積ならびにおもりの体積は無視できるものとする．

(1) 10 cm (2) 12 cm (3) 15 cm
(4) 18 cm (5) 20 cm

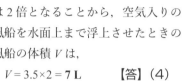
h
水面
30 cm
質量 10 g
断面積 4 cm²
質量 50 g

解 説 質量 10 g の浮きは 10 g の浮力を受け，10 g は体積に換算すると 10 cm³ で，おもりがなくても水面下に 10 cm³ の部分があります．

質量 50 g のおもりが中性浮力 50 g を得るには 50 cm³ の体積が必要です．

浮きの体積 = 断面積×高さ = 4×30 = **120 cm³**

最初から水面下にある **10 cm³** と 50 g のおもりによって受ける浮力は 50 cm³ であるので，

水面下にある体積 = 10 + 50 = **60 cm³**

体積 60 cm³ は，浮きの体積の 1/2 であり，

水面上の体積 = 4h = **60 cm³**

したがって，**長さ h = 15 cm** となります． 【答】(3)

Check!

☑ 水中の体積 → 浮きの浮力 ＋ おもりの浮力

【もっと簡単な解き方】

① 見かけ上，10 + 50 = 60 g のおもりがあるのと同じと考えます．

② おもりによる圧力 ＝ $\dfrac{おもりの質量}{浮きの断面積} = \dfrac{60}{4} = 15$ g/cm^2

③ これと水圧とがつり合う深さは 15 cm

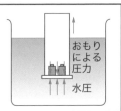
おもりによる圧力

水圧

応用問題 6 圧力と浮力に関し，次のうち誤っているものはどれか．

(1) 水中にある物体の質量が，これと同体積の水の質量と同じ場合は，中性浮力の状態となる．

(2) 質量が一定であっても，圧縮性のある物体を水中に入れると，水深によって浮力は変化する．

(3) 海水は淡水よりも密度がわずかに大きいので，作用する浮力もわずかに大きい．

(4) 水で満たされた径の異なる二つのシリンダが連絡している右図の装置で，ピストンAに1Nの力を加えると，ピストンBには3Nの力が作用する．

1 N
ピストンA
直径 2 cm
ピストンB
直径 6 cm

(5) 人体の表面には，大気圧下で約 0.1013 MPa（絶対圧力）の圧力がかかっており，潜水した場合は，潜水深度に応じてこれに水圧が加わることになる．

解説 (1)「**水中にある物体の比重 = 水の比重**」の状態では，**中性浮力**が働き，浮きも沈みもしません．

(2) 圧縮性のある物体の受ける浮力は水深によって変化し，**浮上に伴って体積が増加するため浮力が増加**します．

(3) 浮力の大きさは密度に比例します．したがって，**海水は淡水よりも密度がわずかに大きいので作用する浮力もわずかに大きく**なります．

(4) **パスカルの法則**によって，ピストン A，B の水圧は等しく，ピストンの半径を r，直径を D，ピストン A，B に作用する力をそれぞれ F_A，F_B とすると，

$$ピストンにかかる水圧 = \frac{力}{面積} = \frac{力}{\pi r^2} = \frac{力}{\dfrac{\pi}{4}D^2}$$

となって，力$/D^2 =$ 一定 であるので，$F_A/D_A{}^2 = F_B/D_B{}^2$ となります．

$$\therefore\ F_B = \frac{D_B{}^2}{D_A{}^2} \times F_A = \frac{6^2}{2^2} \times 1 = \frac{36}{4} = \textbf{9 N}$$

（5）**大気圧下は約 0.1 MPa（絶対圧力）**で，潜水した場合は，潜水深度に応じてこれに水圧が加わります． 【答】（4）

Check! ☑ ピストンの水圧 ➡ 力に比例，面積に反比例

応用問題 7 体積 50 cm³ で質量が 400 g のおもりを右図のようにばね秤<small>（ばかり）</small>に糸でつるし，水につけたとき，ばね秤は何〔g〕を示すか．

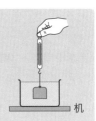

(1) 300 g 　　(2) 325 g 　　(3) 350 g

(4) 375 g 　　(5) 400 g

解　説 **アルキメデスの原理**は，「浮力は物体の押しのけた流体の重さに等しい」とするもので，これを用います．

おもりが押しのけた体積は 50 cm³ で，この分に相当する水の重さは 50 g であるので，浮力は 50 g となります．したがって，ばね秤の示す値は，

おもりの質量 − 浮力 = 400 − 50 = **350 g** 【答】（3）

Check! ☑ ばね秤の示す値＝おもりの質量 − 浮力

応用問題 8 右図のように，一端を閉じた質量 100 g，断面積 20 cm² の円筒を，内部に少し空気が残るようにして逆さまにして水につけたところ，円筒中の水面が外部の水面より少し下がった状態で鉛直に静止した．この水面の差 d は何〔cm〕か．ただし，円筒の厚さと円筒内の空気の質量は無視できるものとする．

(1)　5 cm 　　(2) 10 cm 　　(3) 15 cm 　　(4) 20 cm 　　(5) 25 cm

解　説 円筒の質量を m〔kg〕，重力加速度を g（= 9.8 m/s²）とすると，

円筒の重力 = mg = 0.1×9.8 ≒ **1 N**

円筒の断面積を S〔m²〕，水面の差を d〔m〕，水の密度を ρ〔kg/m³〕とすると，

円筒の浮力 = $(\rho Sd)g$ = 1 000×(20×10⁻⁴)d×9.8 ≒ **20d〔N〕**

円筒の重力と円筒の浮力がつり合っているときには，

$$1 \text{ N} = 20d \text{〔N〕}$$

したがって，d = 0.05 m = **5 cm** 【答】（1）

Check! ☑ 円筒の重力＝円筒の浮力

I章

潜水業務に関する基礎知識

1-9. 水中での光と音などの性質

学習ガイド

空気中と違い，水中では光や音などの性質も変化します．変化の内容を押さえ
ておくようしっかりと学習しておかなければなりません．

I編

潜水業務

ポイント

◎ 水中での光の性質

太陽光は波長の短いものから順に**紫**，**藍**，**青**，**緑**，**黄**，**橙**，**赤**までの7色の連
続スペクトルです．陸上では，この7色がはっきりと認識できます．

しかし，いったん水中に入ると，**赤い光の吸収は大きい**のに対し，**青い光の吸
収は最も少なく深くまで届きます**．このため，海の色は青く見えます．

太陽光線は水中で吸収され，透明度の良い水域でも水深15 mでは約1/8まで
減少し，水深100 m程度では光はほとんど届かず，暗黒の世界となります．

したがって，水中で物体の色を通常の自然な色彩で見るためには，水中ライト
などが必要となります．

▼ 水中での光の性質

光の性質	説 明
①物体が実際の位置より近く，かつ大きく見える	水中を裸眼でのぞいてもピンボケ写真を見るようにしか見えません．このためマスクをつけると，マスク内の空気と外の水との境界で，一定の入射角以内で屈折が起こります． **入射角と反射角の正弦（sin）比は 4/3**
②水深とともに光度が減少する	**照度は水深 4.5 m で 1/4，15 m で 1/8 に減少**
③赤い色が吸収されるため物体が青っぽく見える	濁った水中でよく見える色の順番は， **蛍光性のオレンジ色 > 白色 > 黄色**

▼ 水中での物の見え方

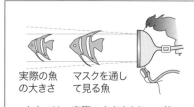

実際の魚
の大きさ

マスクを通し
て見る魚

水中では，実際の大きさより 4/3 倍
に大きく見える．

▼ 深度による色の変化

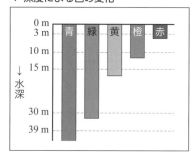

⛑ 水中での音の性質

　水の密度は空気の約 800 倍であるため，**空気中での音速が 340 m/s 程度であるのに対し，水中では 1 400 m/s 程度と約 4 倍**になり，長い距離を伝達できます.

　人間は音の出てくる方向を，右耳と左耳のわずかな距離による時間差で判断しています. しかし，水中ではこの**時間差が 1/4 と短くなるため両耳効果が減少し**，音源方向の探知が困難になります.

▼ 音の伝達

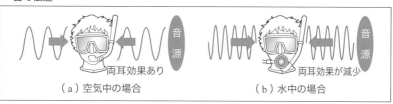

（a）空気中の場合　　　　　　　（b）水中の場合

⚙ 海水の温度や塩分の性質

　海水は水深が増すと温度が低く，塩分が高くなります. 潮の流れの中や日の当たらない岩陰，洞穴の中なども水温が低いことが多いです. 同一深度でも水が冷たく感じることがありますが，この層のことを**サーモクライン**といいます.

 基本問題 水中における光や音に関し，次のうち誤っているものはどれか.
(1) 水中では，音に対する両耳効果が減少し，音源の方向探知が困難になる.
(2) 水は空気に比べ密度が大きいので，水中では音は空気中に比べ遠くまで伝播する.
(3) 水中では，太陽光線のうち青色が最も吸収されやすいので，ものが青のフィルタを通したときのように見える.
(4) 濁った水中では，オレンジ色や黄色で蛍光性のものが視認しやすい.
(5) 澄んだ水中でマスクを通して近距離にあるものを見る場合，実際の位置より近く，また大きく見える.

　解　説　太陽光線は，紫，藍，青，緑，黄，橙，赤の 7 色の連続スペクトルで，これらの色は陸上でははっきりと認識できますが，水中では**波長の長い赤色の光の吸収は大きい**のに対し，**青色の光の吸収は最も少ない**ため深くまで届きます.

【答】(3)

 Check!

　　　青色の光 ➡ 水中で最も吸収されにくい

I 章

潜水業務に関する基礎知識

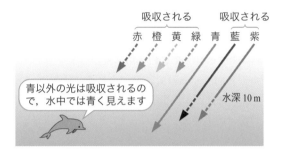

青以外の光は吸収されるので，水中では青く見えます

水深 10 m

応用問題 1 水中における光や音に関し，次のうち正しいものはどれか．

(1) 水中では，ものが青のフィルタを通したときのように見えるが，これは青い色が水に最も吸収されやすいからである．

(2) 水中では，音に対する両耳効果が減少し，音源の方向探知が困難になる．

(3) 光は，水と空気の境界では右図のように屈折し，顔マスクを通して水中の物体を見た場合，実際よりも大きく見える．

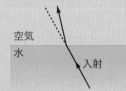

(4) 澄んだ水中で面マスクを通して近距離にあるものを見た場合，物体の位置は実際より遠く見える．

(5) 水は，空気と比べ密度が大きいので，水中では音は長い距離を伝播することができない．

解　説　(1) 水中では，ものが青のフィルタを通したときのように見えるのは，**青い色が水に最も吸収されにくい**からです．光の水分子による吸収の度合いは，光の波長によって異なり，波長が長いほど吸収されやすいです．

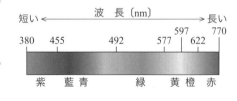

(3)(4) 光は，水と空気の境界では**右図のように屈折**し，顔マスクを通して水中の物体を見ると，光の屈折によって実際の位置よりも**近く**，**大きく見えます**．

(5) 水は，空気より密度が大きいため，**音は水中では空気中より遠くまで伝播**します．ちなみに，音速は**水中では約 1 400 m/s**，**空気中では約 340 m/s** で，水中では空気中の音速の**約 4 倍**の速度で伝わります． 【答】(2)

Check!
☑ 両耳効果の減少 → 音源の方向探知が困難になる

応用問題2 光に関する次の文中の ____ 内に入れる A から C の記号または語句の組合せとして，正しいものは（1）〜（5）のうちどれか．

「空気と水の境界では下図の A のように光は屈折する．このため，顔マスクを通して水中の物体を見ると実際の位置よりも B ，また C 見える」．

	A	B	C
（1）	ア	遠く	小さく
（2）	イ	遠く	大きく
（3）	ア	近く	大きく
（4）	イ	近く	大きく
（5）	ア	近く	小さく

解説 ① 光が異なる物質に入射するとき，互いの物質の境界面で折れ曲がる現象のことを**屈折**といいます．水中では，光は水と空気の境界では ア のように屈折します．入射角が臨界角以上になると光はすべて反射する**全反射**の状態となります．

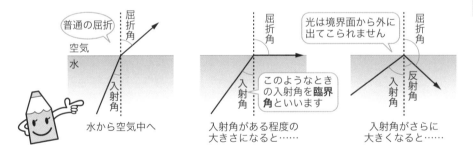

② このため，顔マスクを通して水中の物体を見ると実際の位置よりも 近く ，また 大きく 見えます．

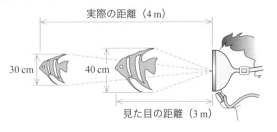

実際の距離（4 m）

30 cm 40 cm

見た目の距離（3 m）

【答】（3）

章

潜水業務に関する基礎知識

Check!
見え方 ➡ 大きく（4/3倍），近く（3/4倍）見える

応用問題3 水中における光や音に関し，次のうち正しいものはどれか．
(1) 水中では，ものが青のフィルタを通したときのように見えるが，これは青い色が水に最も吸収されやすいからである．
(2) 濁った水中では，蛍光性のオレンジ色，白色，黄色が視認しやすい．
(3) 光は，水と空気の境界では下図のように屈折する．

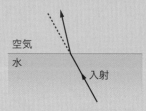

空気
水
入射

(4) 澄んだ水中で顔マスクを通して近距離にあるものを見た場合，物体の位置は実際より遠く見える．
(5) 水中では，音は空気中に比べ約3倍の速度で伝わり，また，伝播距離が長いので両耳効果が高められる．

解 説 (1) 水中では，ものが青のフィルタを通したときのように見えます．これは，**青い色が水に最も吸収されにくい**からです．

(2) 濁った水中では，蛍光性のオレンジ色，白色，黄色が視認しやすく，よく見える色の順番は，|蛍光性のオレンジ色→白色→黄色|です．

(3) 光は，水と空気の境界では，入射角が臨界角以内であれば，↖ **方向（破線より左斜め）**に屈折します．

(4) 澄んだ水中で顔マスクを通して近距離にあるものを見た場合，物体の位置は実際より**近くかつ大きく**見えます．

(5) 水中では，音は空気中に比べ**約4倍**の速度

$$\frac{水中\ 1\ 400\ \text{m/s}}{空気中\ 340\ \text{m/s}} \fallingdotseq 4$$

で伝わり，**伝播速度が非常に速いため両耳効果が低減**します． 【答】(2)

Check!
水の密度は空気より大きい ➡ 伝播速度が速い

1-10. 潜水器の種類

潜水器は，水中での呼吸確保のために用いる機械設備で，多くの種類があります．ここでは，全体体系を把握するよう心掛けてください．

ポイント

◎ 潜水の種類

潜水器を大別すると，**大気圧潜水（硬式潜水）** と **環境圧潜水（軟式潜水）** とに分類でき，これらはさらに小分類されています．

- 大気圧潜水：潜水者が**水中でも大気圧の状態に保持されたまま潜水**する方法で，硬い殻状の容器の中に入って水や水圧の影響を受けないようにしています．
- 環境圧潜水：潜水者が**潜水深度に応じた水圧を直接受けて潜水**する方法です．

▼ 潜水の分類

方　法	器　具		説　明
大気圧潜水	潜水艦，潜水作業艇		潜水者の環境は大気圧と同じ
	潜水球，潜水筒		
	鎧装（がいそう）式潜水器		
環境圧潜水	送気式 （潜水者への低圧または中圧の送気を船上からホースを介して行う：**長時間向き**）	ヘルメット式	・金属製ヘルメットとゴム製の潜水服の構成 ・定量送気式（一般用）と半閉鎖回路送気式（ヘリウム用）がある
		全面マスク式	応需送気式（デマンド式）で，業務用潜水器として多用
		フーカー式*	応需送気式（デマンド式）で，ボンベやコンプレッサを船上に置き，レギュレータをくわえて潜水（ほとんど使用されない）
	自給気式（スクーバ式） （潜水者が携行するボンベから給気を行う：**短時間向き**）	開放回路型	**最も一般的**で，排気を直接海中に放出（吐いた息が水中に泡となって解放される）
		半閉鎖回路型	排気の一部を循環
		閉鎖回路型	排気を100 %循環

＊フーカー式の語源は Hookah で，水たばこのことです．

大気圧潜水	潜水艦，潜水作業艇	潜水球，潜水筒	鎧装式潜水器
	潜水者の環境は大気圧と同じ		

環境圧潜水	送気式		
	ヘルメット式	**全面マスク式**	**フーカー式**
	・**定量送気式**（一般用）と**半閉鎖回路送気式**（ヘリウム用）がある ・金属製ヘルメットとゴム製の潜水服の構成	**応需送気式**で業務用潜水器として多用されている	**応需送気式**で，ボンベやコンプレッサを船上に置き，レギュレータをくわえて潜水する（**ほとんど使用されない**）

自給気式（スクーバ式）──応需送気式		
開放回路型（下図）	**半閉鎖回路型**	**閉鎖回路型**
最も一般的で，排気を直接海中に放出する	排気の一部を循環させる	排気を100％循環させる

＊オクトパスは予備のレギュレータで，バディ（パートナー）がエア切れになったときに使用する.

基本問題 潜水の種類に関し，次のうち誤っているものはどれか．

(1) 大気圧潜水とは，耐圧殻に入って人体を水圧から守り，大気圧の状態で行う潜水のことである．

(2) 環境圧潜水では，人体が潜水深度に応じた水圧を受ける．

(3) 環境圧潜水は，送気式と自給気式に分類され，安全性を向上させるため，送気式潜水でも潜水者がボンベを携行することがある．

(4) 送気式潜水には，定量送気式と応需送気式がある．

(5) 自給気式潜水で一般に使用されている潜水器は，閉鎖回路型スクーバ式潜水器である．

解　説 **自給気式（スクーバ式）潜水**には，開放回路型，半閉鎖回路型，閉鎖回路型の三種類があります．このうち一般に使用されている潜水器は，構造が簡単でコストの安い**開放回路型スクーバ式潜水器**で，潜水作業者の行動を制限する送気ホース等が無いので作業の自由度が高く，排気を直接海中に放出します．　【答】(5)

 Check!

自給気式潜水器の代表 ➡ 開放回路型スクーバ式

応用問題1 潜水の種類，方式に関し，次のうち誤っているものはどれか．

(1) フーカー式潜水は，送気式潜水であるが，安全性の向上のためにボンベを携行することがある．

(2) ヘルメット式潜水は，金属製のヘルメットとゴム製の潜水服により構成された潜水器を使用し，操作は比較的簡単で複雑な浮力調整が必要ない．

(3) 送気式潜水は，一般に船上のコンプレッサによって送気を行う潜水で，比較的長時間の水中作業が可能である．

(4) スクーバ式潜水は，ボンベを用いる自給気式潜水で，少なくとも 3 MPa（ゲージ圧力）程度の空気を残して浮上を開始するようにする．

(5) 軽便マスク式潜水は，ヘルメット式潜水の簡易型として開発されたもので，空気は潜水作業者の顔面に装着したマスクに送気され，ヘルメット式潜水よりも空気消費量は少ない．

解　説 ヘルメット式潜水では，**金属製のヘルメットとゴム製の潜水服**で構成された潜水器を使用し，潜水器の構造は簡単です．浮力調節は送気・排気操作で行い，操作には熟練を要します．**余剰空気や呼気の排気は，排気弁から排出**します．　【答】(2)

排気弁

応用問題 2 潜水の種類および特徴に関し，次のうち誤っているものはどれか．

(1) 硬式潜水は，潜水者が潜水深度に応じた水圧を直接受けて潜水する方法であり，送気方法により送気式と自給気式に分類される．

(2) スクーバ式潜水は，送気ホースなどの潜水者の行動を制限するものはないが，通常，残圧が 3 MPa 前後になれば浮上を開始する必要がある．

(3) フーカー式潜水は，スクーバ式潜水なみの軽装備であるため，機動性は優れているが，送気ホースを装備しているので，広範囲の移動には制約を受ける．

(4) マスク式（軽便マスク式）潜水は，ヘルメット式潜水の簡易型として開発されたものであり，潜水者の顔面に装着したマスクに空気が送気されるので，ヘルメット式潜水よりも空気消費量は少ない．

(5) ヘルメット式潜水は，一般に定量送気式で，船上からホースを介して送気を行うので長時間の水中作業が可能である．

解 説 潜水者が潜水深度に応じた水圧を直接受けて潜水する方法は，**軟水潜水（環境圧潜水）**で，送気方法により送気式と自給気式に分類されます．

硬式潜水（大気圧潜水）は，潜水者が水中で大気圧状態に保持され潜水する方法です． 【答】（1）

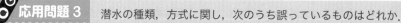

応用問題 3 潜水の種類，方式に関し，次のうち誤っているものはどれか.

(1) ヘルメット式潜水は，金属製のヘルメットとゴム製の潜水服により構成された潜水器を使用し，複雑な浮力調整などが必要で，その操作には熟練を要する.

(2) フーカー式潜水は，送気式潜水の一種で，レギュレータを介して送気する定量送気式である.

(3) 送気式潜水は，一般に船上のコンプレッサによって送気を行う潜水で，比較的長時間の水中作業が可能である.

(4) 開放回路型スクーバ式潜水器は，潜水者の排気が直接海中に放出される呼吸回路をもつ潜水器で，通常の潜水業務に用いられている.

(5) 軽便マスク式潜水は，ヘルメット式潜水の簡易型として開発されたものであり，潜水者の顔面に装着したマスクに空気が送気されるので，ヘルメット式潜水よりも空気消費量は少ない.

解 説 フーカー式潜水は，送気式潜水の一種で，**送気ホースを介して送気する応需送気式**です. 【答】(2)

Check!
フーカー式 ➡ 送気式潜水の一種で応需送気式

I 章

潜水業務に関する基礎知識

■次の文は，**正しい(○)？** それとも**間違い(×)？**

(1) スクーバ式潜水は，ボンベを用いる自給気式の潜水器を使用する潜水で，少なくとも 3 MPa 程度の空気を残して浮上を開始するようにする.

(2) 自給気式潜水で一般的に使用されている潜水器は，開放回路型スクーバ式潜水器である.

(3) 全面マスク式潜水は，応需送気式の潜水で，顔面全体を覆うマスクにデマンド式レギュレータが取り付けられた潜水器を使用し，水中電話の使用が可能である.

(4) 全面マスク式潜水は，ヘルメット式潜水器を小型化した潜水器を使用し，空気消費量が少ない定量送気式の潜水である.

解答・解説

(1)，(2)，(3) ○

(4) ×⇒全面マスク式潜水は，ヘルメット式潜水器を小型化した潜水器を使用するもので，空気消費量が少ない**応需送気式**の潜水です.

I-11. ヘルメット式潜水器

金属製のヘルメットとゴム製の潜水服により構成されている潜水器で，必要な設備と器具について構成・役割を理解しておくことが大切です．

ポイント

❍ ヘルメット式潜水器の構成と役割

潜水器の構成および役割を整理すると下表のようになります．

設備・器具名	役割など
コンプレッサ (空気圧縮機)	送気ホース向けに**毎分 60 L 以上**の新鮮な圧縮空気を供給するため，原動機で駆動される．圧縮効率は，圧力上昇に伴い低下する．
空気槽 (エアタンク)	コンプレッサからの脈流空気をいったん空気槽に貯め，流れを整え送気する**調節用空気槽**とコンプレッサ故障時に使用する**予備空気槽**とがある．
空気清浄装置	空気槽と送気ホースとの間に取り付け，圧縮**空気の臭気・水分・油気を除去**する．
流量計	**空気清浄装置と送気ホースとの間**に取り付け，潜水者への送気圧力による流量を確認する．
送気用配管と送気ホース	コンプレッサ—流量計間は高温・振動に耐える金属管，流量計—ヘルメット間は**内径 12.7 mm**の強じん・柔軟なゴムホースを使う．
腰バルブ	**送気量を調節できる**バルブで，コンプレッサや送気ホース故障による潜水服からの空気の逆流を防ぐ役目もある．
ヘルメット	**頭部本体とシコロ**（錏：カブト台や肩金ともいう）とで構成されている．
潜水服	潜水者の体温保持と浮力調整のため内部に空気を蓄えられるようになっている．木綿とナイロンの混紡生地にゴム引きし，このゴム引き布を2枚貼り合わせている．
鉛錘（ウエイト）	前後に振り分け，浮力を抑えて体の安定を保つ．
潜水靴	潜水者の体の安定と下半身のバランスを確保する．一般に 1 足は約 10 kg で，木製板の下に鋳鉄・鉛製の靴底が取り付けられ，先端にはつま先保護用真鍮金具がある．
ベルト	体の安定を保つため，**空気が下半身に入り込むのを防ぐ**．
その他の器具	潜降索・水中電話・信号索・水深計・水中時計（潜水時計）・水中ナイフがある．

潜水器の構成

```
コンプレッサ
    ↓
  空気槽
    ↓
空気清浄装置
    ↓
  流量計
```
送気用配管

電話線
送気ホース
信号索

ヘルメット
鉛錘
潜水服
ベルト
腰バルブ
潜水靴

⊚ ヘルメットの部材別構成と役割

ヘルメットは，銅製スズ引きで，頭部本体＋シコロ（カブト台）で構成されていますが，さらに部材別の構成および役割を整理すると下表のようになります．

構成部材	役割など	ヘルメット
面ガラス・側面ガラス	視界を確保するための窓で，**側面ガラスは破損を防ぐため，金属製格子**が取り付けられている．強化樹脂を用いたものには，金属枠を省いたものもある．	ヘルメット 面ガラス 側面ガラス 排気弁 ドレーンコック 首輪
送気ホース取付け口	**頭部本体後部**にあり，送気ホース継手を接続する．	
逆止弁	送気ホース取付け口に組み込まれ，**送気された圧縮空気の逆流を防止**する．	
排気弁	**本体右後部**に設け，浮力調節のため潜水服内の余剰空気と潜水者の呼気を排出する．	電話線引込口 送気ホース取付け口 逆止弁 安全止め 押え金
電話線引込口	**頭部本体左後部**に設ける．	
ドレーンコック	**正面窓下部左側**に設け，潜水者が唾などを外部に吐き出すときに使用する．	
シコロ	本体とはめ込み式で連結される．潜水者の体温保持と浮力調整のため内部に空気を蓄えられるようになっている．木綿とナイロンの混紡生地にゴム引きし，このゴム引き布を2枚貼り合わせている．	シコロ

⊚ ヘルメットの潜水服への固定

シコロ，肩金の潜水服への固定は，次に手順で行います．

① シコロを潜水服の襟ゴムの内側に入れる．

② シコロのボルトを襟ゴムの孔に通し，上から押え金を当て蝶ねじで締め付ける．

［**作業留意点**］全体が平均して締め上がるように注意する．

③ シコロのねじ部にヘルメットの平坦部がくるように重ね，右回りに1/8円回転させる（シコロのねじ部とヘルメットのねじ部がかみ合い，固定される）．

④ 衝撃や振動でヘルメットの固定ねじが緩まないよう，安全ピンを差し込んだり，回転止めロープを結び付けておく．

Ｉ章

潜水業務に関する基礎知識

47

基本問題 ヘルメット式潜水器に関し，次のうち誤っているものはどれか．

(1) ヘルメットの側面窓には，金属製格子などが取り付けられて窓ガラスを保護している．

(2) ドレーンコックは，潜水作業者が唾（つば）などをヘルメット外に排出するときに使用する．

(3) ヘルメット本体は，シコロのボルトを襟（えり）ゴムのボルト孔に通し，上から押え金を当て蝶（ちょう）ねじで締め付けて潜水服に固定する．

(4) 腰バルブには減圧弁が組み込まれていて，この弁で送気の逆流を防ぐ．

(5) 排気弁は，これを操作して潜水服内の余剰空気を排出したり，潜水作業者の呼気を排出する．

解説 腰バルブは，潜水者の腰の位置に固定するバルブで，コンプレッサから送気された空気量を作業内容によって潜水作業者自身が調節するものです．送気が中断された場合，潜水服内の空気の逆流を防ぐ安全弁の役目をもっていますが，**減圧弁は組み込まれていません**． 【答】(4)

Check!
腰バルブ ➡ 腰の位置に固定し空気量を調節

応用問題 1 ヘルメット式潜水器に関し，次のうち誤っているものはどれか．

(1) ドレーンコックは，吹上げのおそれがある場合など緊急の排気を行うときに使用する．

(2) 腰バルブは，潜水作業者自身が送気ホースからヘルメットに入る空気量の調節を行うときに使用する．

(3) ヘルメットの送気ホース取付け口には逆止弁が組み込まれていて，この弁で送気された圧縮空気の逆流を防ぐ．

(4) 潜水服内の空気が下半身に入り込まないようにするため，腰部をベルトで締め付ける．

(5) ヘルメットには，正面窓のほか，両側面にも窓が設けられている．

解説 **ドレーンコックは，潜水者が唾などを外部に吐き出すときに使用す**るものです．

参考 逆止弁の点検方法：送気ホースの取付け口に息を吹き込んだとき息が軽く通り，息を吸い込んだとき吸込みができなければよい． 【答】(1)

Check!
逆止弁 ➡ ヘルメットへの送気の逆流を防止

応用問題2 下図はヘルメット式潜水器のヘルメットをスケッチしたものであるが，図中に ▢ または ⬭ で示すA〜Eの部分に関する次の記述のうち，誤っているものはどれか．

斜め前から見たところ　　後ろから見たところ

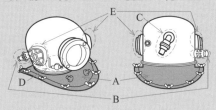

(1) A の ▢ 部分はシコロで，シコロのボルトを襟ゴムのボルト孔に通し，上から押え金を当て蝶ねじで締め付けて潜水服に固定する．

(2) B の ⬭ 部分は排気弁で，潜水作業者が自身の頭部を使ってこれを操作して余剰空気や呼気を排出する．

(3) C の ⬭ 部分は送気ホース取付け部で，送気された空気が逆流することがないよう，逆止弁が設けられている．

(4) D の ⬭ 部分はドレーンコックで，潜水作業者が送気中の水分や油分をヘルメットの外へ排出するときに使用する．

(5) E の ⬭ 部分は側面窓で，金属製格子などが取り付けられて窓ガラスを保護している．

解　説 D のドレーンコックは，潜水者が唾などをヘルメット外に吐き出したいときに使用するものです． 【答】(4)

応用問題3 ヘルメット式潜水器に関し，次のうち誤っているものはどれか．

(1) ドレーンコックは，吹上げのおそれがある場合など緊急の排気を行うときに使用する．

(2) 送気ホースからヘルメットに入る空気量の調節は，潜水作業者自身が腰バルブで行う．

(3) ヘルメットの送気ホース取付け口には逆止弁が組み込まれていて，この弁で送気の逆流を防ぐ．

(4) 潜水服内の空気が下半身に入り込まないようにするため，腰部をベルトで締め付ける．

(5) ヘルメットには，正面窓のほか，両側面にも窓が設けられている．

解　説　ドレーンコックは，ヘルメットの正面窓下部左側に設け，**潜水者が唾などを外部に吐き出すときに使用**するものです。　　　　　【答】(1)

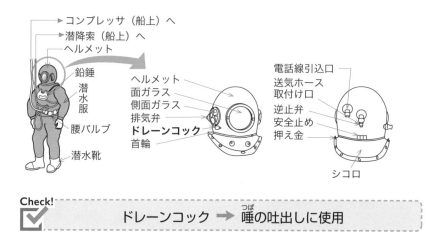

コンプレッサ（船上）へ
潜降索（船上）へ
ヘルメット
鉛錘
潜水服
腰バルブ
潜水靴

ヘルメット
面ガラス
側面ガラス
排気弁
ドレーンコック
首輪

電話線引込口
送気ホース取付け口
逆止弁
安全止め
押え金

シコロ

Check!

ドレーンコック ➡ 唾（つば）の吐出しに使用

■次の文は，**正しい(○)？**　それとも**間違い(×)？**

(1) ヘルメットの側面窓には，金属製格子などが取り付けられて窓ガラスを保護している。
(2) ドレーンコックは，潜水作業者が送気中の水分や油分をヘルメットの外へ排出するときに使用する。
(3) ベルトは，腰バルブの固定用としても使われ，送気ホースに対する外力が直接ヘルメットに加わることを防ぐ。
(4) ヘルメット式潜水で使用する鉛錘（すい）（ウエイト）は，一組約 30 kg である。

解答・解説

(1), (3), (4) ○⇒ヘルメットの両側面には側面窓があり，金属製格子などが取り付けられ，窓ガラスを保護しています。
(2) ×⇒ドレーンコックは，ヘルメットの正面窓下部左側に設け，潜水者が唾などを外部に吐き出すときに使用するものです。

1-12. 全面マスク式潜水器

学習ガイド
送気された空気が顔面部に限定されて送られる潜水器で，必要な設備と器具について構成・役割を理解しておくことが大切です．

ポイント

◎ 全面マスク式潜水器の構成と役割

潜水器の構成および役割を整理すると下表のようになります．

設備・器具名	役割など
コンプレッサ（空気圧縮機）	送気ホース向けに**毎分 40 L 以上**の新鮮な圧縮空気を供給するため，原動機で駆動される．
送気ホース	内径 8 mm の強じん・柔軟なゴムホースを使用する．
マスク	顔面全体を覆うように装着し，空気のうをもつものともたないものがある． ・両側面に設けた空気のうは一種の空気袋で送気量が呼吸量を上回った場合，一次貯留できる． ・右側面には送気ホースを取り付ける． ・排気弁のないものは，余分な空気や排気ガスをマスクの縁から排出する．
逆止弁	送気ホース取付け口に組み込まれ，送気された圧縮空気の逆流を防止する．
排気弁	呼気を排出する．
潜水服	水のまったく入らないドライスーツ型の専用の潜水服のほかウェットスーツを使用することもある． ・木綿とナイロンの混紡生地にゴム引きしたもので上下に 2 分割されており，腹部の腰金で連結する． ・上衣の背中部には排気弁が付いている． ・潜水服の下には防寒用下着を着用する．
鉛錘（ウエイト）	ベルトを使用して腰の左右と両足首部に巻き付けて使用し，潜水服による浮力を調整し，水中姿勢を安定に保つ．
潜水靴	・ドライスーツ型の専用の潜水服では，潜水靴は一体となっている． ・**ウェットスーツの場合には必要**となり，ネオプレンゴム製のものを使用する．
その他の器具	潜降索・水中電話・信号索・水深計・水中時計（潜水時計）・水中ナイフがある．

潜水器の構成

```
コンプレッサ
    ↓
  空気槽
    ↓
空気清浄装置
    ↓
  流量計
```

送気ホース　面ガラス　マスク　潜水服　足錘　鉛錘　潜水靴

1 章

潜水業務に関する基礎知識

基本問題 全面マスク式潜水器に関し，次のうち誤っているのはどれか．
(1) 全面マスク式潜水器では，ヘルメット式潜水器に比べて多くの送気量が必要となる．
(2) 全面マスク式潜水器には，潜水深度が深い場合に使われる混合ガス潜水では，大型のバンドでマスクを顔面に押しつけて固定するバンドマスクタイプやヘルメットタイプがある．
(3) 全面マスク式潜水器のマスク内には，口と鼻を覆う口鼻マスクが取付けられており，潜水作業者はこの口鼻マスクを介して給気を受ける．
(4) 全面マスク式潜水器では，水中電話機のマイクロホンは口鼻マスク部に取付けられ，イヤホンは耳の後ろ付近にストラップを利用して固定される．
(5) 全面マスク式潜水器は送気式潜水器であるが，小型のボンベを携行して潜水することがある．

解 説 全面マスク式潜水器は，応需送気式で息を吸った分のみ吸気されるので，ヘルメット式潜水器に比べて送気量は少なく，長時間の潜水が可能です．

 注 意 | 定量送気式 |：常に空気が出ています．
| 応需送気式 |：吸った時だけ空気が出ます． 　　　　　　　　【答】（1）

 Check!

送気量の大きさ：全面マスク式 ＜ ヘルメット式

応用問題 潜水方式に関し，正しいものは次のうちどれか．
(1) 全面マスク式潜水は，レギュレータを介して送気する定量送気式の潜水である．
(2) ヘルメット式潜水は，金属製ヘルメットとゴム製の潜水服により構成された潜水器を使用し，操作は比較的簡単で，複雑な浮力調整が必要ない．
(3) ヘルメット式潜水は，応需送気式の潜水で，一般に船上のコンプレッサによって送気し，比較的長時間の水中作業が可能である．
(4) 自給気式潜水は，一般に閉鎖回路型スクーバ式潜水器を使用し，潜水作業者の行動を制限する送気ホースなどがないので作業の自由度が高い．
(5) 全面マスク式潜水は，水中電話の使用が可能である．

解 説 （1）全面マスク式は，呼吸に必要な量を送気する応需送気式です．
(2) ヘルメット式潜水は，スーツ内に入る空気が多く浮力調整が難しい．
(3) ヘルメット式潜水は，定量送気式の潜水です．
(4) 自給気式潜水は，一般的に開放回路型スクーバが使用されます． 【答】（5）

 Check!

全面マスク式潜水 ➡ 水中電話の使用が可能

1-13. スクーバ式潜水器

学習ガイド スクーバ式潜水器は環境圧潜水の自給気式で，最も機動性に富んでいます．必要な設備と器具について構成・役割を理解しておくことが大切です．

ポイント

◎ スクーバ式潜水器の構成と役割

潜水器の構成および役割を整理すると下表のようになります．

設備・器具名	役割など
ボンベ	高圧空気を充填した内容積 4〜18 L のスチール製またはアルミ製で，潜水者に空気を供給する．
圧力調整器（レギュレータ）	高圧空気を 1 MPa 前後まで減圧する第 1 段減圧部（ファーストステージ）と第 1 段で減圧された空気を周りの水圧レベルまで減圧し潜水者に供給する第 2 段減圧部（セカンドステージ）で構成されている． ・**ファーストステージ**：ボンベに固定する． ・**セカンドステージ**：口にくわえる．
マスク	視界を確保するもので，強化ガラス製で，耳抜き用の鼻つまみのついたものを使用する．
潜水服	・**ウェットスーツ**：スポンジ状のゴム服地で，体の表面とスーツの隙間は水で満たされ，不均等加圧によるスクイーズを防止できる． ・**ドライスーツ**：材質はウェットスーツと同じで，ワンピース型になっている．首・手首の部分は伸縮性のあるゴム製である．スーツ内への水の浸入がないので，保温性に優れている．ファーストステージレギュレータから空気を入れられる**給気弁**とスーツ内の余剰空気を逃がす**排気弁**が取り付けられている．
ベルト，鉛錘（ウエイト）	体の浮力調整のため，ウエイトを付けたベルトを使用する．
足ひれ（フィン）	水中での移動時の推進力・浮力の確保と体の安定のため，ブーツの上に履く足ひれを使用する．
残圧計	ボンベの空気残圧を表示し，空気残量を把握する．
ハーネス	ボンベを背中に固定するための装具である．
BC（浮力調整具）	ファーストステージからの中圧ホースによる空気で膨らませたり，排気してすぼませたりして，救命胴衣の機能も果たすジャケットである．いわば，着るタイプの浮き袋でインフレータの操作で調整できる．
高圧コンプレッサ	20, 30 MPa の高圧圧縮空気をボンベに充填するために使用する．
その他の器具	潜降索・水深計・水中時計（潜水時計）・水中ナイフがある．

潜水器の構成

フード
スノーケル
レギュレータの
ファーストステージ
（タンク内の
圧縮空気の
圧力を調整）
マスク
レギュレータの
セカンドステージ
（タンク内の
圧縮空気の
圧力を調整）
ボンベ
オクトパス
（予備のレギュレータ）
ウエイトベルト
ゲージ
（深度計と残圧計）
潜水服（ウェットスーツ）
足ひれ（フィン）

レギュレータの構造

第 1 段減圧部（ファースト）ステージ
第 2 段減圧部（セカンドステージ）
中圧ホース
オクトパス*
コンソールゲージ

*オクトパスは予備のレギュレータで，バディがエア切れになったときに使用する．

⚙ スクーバ式のボンベ

スクーバ式潜水器は自給気式であるため，潜水者への空気の供給にはボンベが必要となります．

① **ボンベの種類**：ボンベは，高圧空気を充填した内容積 4〜18 L のスチール製またはアルミ製で，圧力が **19.6 MPa** の空気が充填されています．

ボンベの種類	材　質
スチールボンベ	クロムモリブデン鋼などの鋼合金
アルミボンベ	アルミ合金

② **ボンベの検査と刻印**：ボンベは，外観検査・引張，衝撃，圧壊，耐圧，気密などの検査が実施され，ボンベ本体にはその内容が刻印されています．

③ **ボンベの塗装**：潜水用ボンベは，ボンベの**表面積の 1/2 以上がねずみ色に塗装**されています．

④ **ボンベのバルブ**：ボンベは，通常，バルブを付けて使用します．

▼ ボンベの刻印の状況

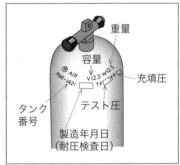

開閉機能だけの K バルブと開閉機能とリザーブバルブ機能のある J バルブとがあります．

［**リザーブバルブ機能**］ボンベ内の圧力が充填圧力の 20 % 程度までに下がると，いったん空気の供給を止め空気の残量が少ないことを潜水者に知らせるもので，レバーを作動させると再び空気が供給されるようになります．

基本問題 スクーバ式潜水器に関し，次のうち誤っているものはどれか．
(1) 空気専用のボンベは，表面積の 1/2 以上がねずみ色で塗色されている．
(2) ボンベ内の空気残量を把握するため取り付ける残圧計には，ボンベの高圧空気が送られる．
(3) 圧力調整器は，高圧空気を 1 MPa（ゲージ圧力）前後に減圧する第 1 段減圧部とさらに潜水深度の圧力まで減圧する第 2 段減圧部から構成される．
(4) ボンベは，終業後十分に水洗いを行い，錆の発生の有無や傷，破損などの有無を点検，確認し，内部に空気を残さないようにして保管する．
(5) リザーブバルブ機構は，ボンベ内の圧力が規定の値にまで下がると，いったん空気の供給を止める機能をもつ．

解　説　圧縮空気を収めたボンベには，水の浸入を防ぐため，**使用後も内部に1MPa（ゲージ圧力）程度**の**空気を残して**おきます．　　　　　　　　【答】（4）

Check!
☑　使用後のボンベ ➡ 1MPa程度の空気を残す

応用問題1　スクーバ式潜水に用いられるボンベ，圧力調整器（レギュレータ）などに関し，次のうち誤っているものはどれか．
(1) ボンベに圧力調整器を取り付けたときは，ボンベのバルブを開け，空気を第1段減圧部，中圧ホース，第2段減圧部の順に流し，空気漏れなどの異常がないことを確認する．
(2) 圧力調整器は，ヨーク，ヨークスクリュー，第1段減圧部，中圧ホース，および第2段減圧部から構成されている．
(3) リザーブバルブ機構は，一定の潜水時間が経過したとき，自動的に作動して空気の供給を止め，一定量の空気をボンベに確保するものである．
(4) ボンベの空気は，圧力調整器の第1段減圧部と第2段減圧部で2段階に減圧された後，潜水作業者に供給される．
(5) ボンベに水が浸入することを防ぐため，使用後も1MPa（ゲージ圧力）程度の空気を残しておく．

解　説　(2) ボンベに充填された圧力19.6MPaの空気は，第1段減圧部と第2段減圧部の2段階で減圧し，潜水者に供給します．

(3) ボンベは，通常，バルブを付けて使用します．バルブには，開閉機構だけのある**Kバルブ**と開閉機構とリザーブバルブ機能のある**Jバルブ**とがあります．
① Kバルブ：開閉だけの機能をもっています．
② Jバルブ：開閉機能＋リザーブバルブ機能をもっています．

リザーブバルブ機構は，ボンベの内圧が充填圧力の20％程度までに下がると，一旦空気の供給を止め空気の残量が少なくなっていることを潜水者に知らせるものです．現在では残圧計を携行するので，この機構のないKバルブが使用されています．

【答】（3）

リザーブバルブ

Kバルブ　　　Jバルブ

Check!
☑　リザーブバルブ ➡ 空気残量の少ないことを知らせる

応用問題 2 スクーバ式潜水に用いられるボンベ，圧力調整器（レギュレータ）などに関し，次のうち誤っているものはどれか．

(1) ボンベには，クロムモリブデン鋼などの鋼合金で製造されたスチールボンベと，アルミ合金で製造されたアルミボンベがある．

(2) ボンベは，一般に，内容積が 4〜18 L で，圧力が 19.6 MPa の空気が充填されている．

(3) スクーバ式潜水で用いるボンベは，水が浸入することを防ぐため，使用後も 1 MPa（ゲージ圧力）程度の空気を残しておく．

(4) 圧力調整器は，始業前に，ボンベから送気した空気の漏れがないか，呼吸がスムーズに行えるか，などについて点検する．

(5) 圧力調整器は，高圧空気を 10 MPa 前後までに減圧する第 1 段減圧部とさらに 1 MPa 以下の圧力に減圧する第 2 段減圧部から構成される．

解 説 圧力調整器（レギュレータ）は，高圧空気を **1 MPa 前後までに減圧するファーストステージ（第 1 段減圧部）**と潜水深度に応じた圧力まで減圧する**セカンドステージ（第 2 段減圧部）**から構成されています．

【答】(5)

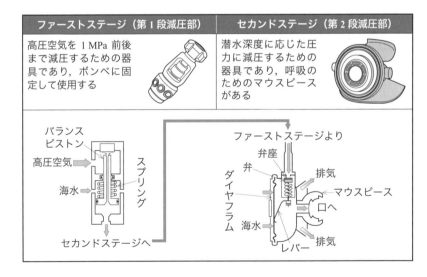

ファーストステージ（第 1 段減圧部）	セカンドステージ（第 2 段減圧部）
高圧空気を 1 MPa 前後まで減圧するための器具であり，ボンベに固定して使用する	潜水深度に応じた圧力に減圧するための器具であり，呼吸のためのマウスピースがある

Check!
圧力調整器 ➡ ファーストとセカンドのステージ

応用問題 3 スクーバ式潜水に用いられるボンベ，圧力調整器などに関し，次のうち誤っているものはどれか．

(1) ボンベには，クロムモリブデン鋼などの鋼合金で製造されたスチールボンベと，アルミ合金で製造されたアルミボンベがある．

(2) 残圧計には圧力調整器の第2段減圧部からボンベの高圧空気がホースを通して送られ，ボンベ内の圧力が表示される．

(3) ボンベは，一般に，内容積が4〜18 L で，圧力 19.6 MPa（ゲージ圧力）の高圧空気が充填されている．

(4) ボンベは，耐圧，衝撃，気密などの検査が行われ，最高充填圧力，内容積などが刻印されている．

(5) 圧力調整器は，始業前に，ボンベから送気した空気の漏れがないか，呼吸がスムーズに行えるか，などについて点検する．

解 説 残圧計には圧力調整器（レギュレータ）の**第1段減圧部**からボンベの高圧空気がホースを通して送られ，ボンベ内の圧力が表示されます．

 参考 コンソールゲージ：二つ以上の計器を一つの筐体にまとめたものです．3ゲージは水深計，残圧計，コンパスが一体となったタイプで，2ゲージは残圧計とコンパスが一体となったタイプです．

【答】（2）

Check! 残圧計 → ボンベ内の圧力を表示

■次の文は，**正しい(○)？** それとも**間違い(×)？**

(1) ボンベに使用するバルブには，開閉機能だけのJバルブと，開閉機能とリザーブバルブ機構が一体となったKバルブがある．

(2) ボンベへの圧力調整器の取付けは，ファーストステージのヨークをボンベのバルブ上部にはめ込んで，ヨークスクリューで固定する．

(3) 残圧計の内部には高圧がかかっているので，ゲージの針は顔を近づけないで斜めに見るようにする．

解答・解説

(1) ×⇒ボンベに使用するバルブには，開閉機能だけの**Kバルブ**と，開閉機能とリザーブバルブ機構が一体となった**Jバルブ**があります．

(2)，(3) ○

I章 潜水業務に関する基礎知識

1-14. その他の器具

学習ガイド その他の器具として，潜降索・水中電話・信号索・水深計・水中時計（潜水時計）・水中ナイフの概要について学習します．

ポイント

スクーバ式潜水に使用する器具

それぞれの器具の役割などを整理すると下表のようになります．

器具名	役割など	その他の事項
さがり綱（潜降索）	潜水者が潜降・浮上を安全な速度で行うため必要である．	・**太さ 1～2 cm 程度**でマニラ麻製と同等以上の強度をもつものを使用する． ・水深を示すため **3 m ごとにマーク**を施す．
水中電話	送気式で船上側と潜水者間の連絡交信に使用する． ・**ヘルメット式**：ヘルメット内に送受話可能なスピーカがある． ・**フーカー式**：喉部に咽喉式水中マイクロホンが取り付けられ，水中イヤホンで受信する（船上側はマイクボタンを押しながら潜水者と通話する）．	
信号索	潜水者と船上側の連絡用の命綱である．水中電話を使用する場合は携行を省略できる．	**太さ 1～2 cm 程度**のマニラ麻製を使用する．
水深計	水深による水圧を表示する．水中電話を使用する場合は携行を省略できる．	指針が 2 本あるものは，現在水深と潜水中の最大深度を表示する．
水中時計	潜水時間を知るのに使用する．水中電話を使用する場合は携行を省略できる．	
水中ナイフ	潜水中にロープや魚網が体に絡みついた場合，脱出のための切断に使用する．	

スクーバ式潜水で使用する足ひれ

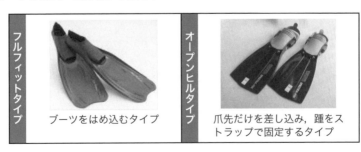

フルフィットタイプ：ブーツをはめ込むタイプ

オープンヒルタイプ：爪先だけを差し込み，踵をストラップで固定するタイプ

▼ 潜降索

▼ 水中電話

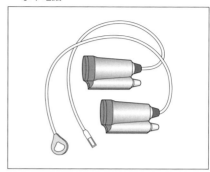

▼ 信号索

モールス信号で
浮上の合図を
知らせる

▼ 水深計

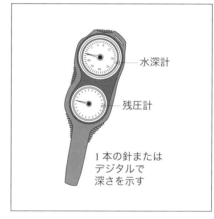

水深計

残圧計

1本の針または
デジタルで
深さを示す

▼ 水中時計

文字盤

リューズ

ベゼル

ベルト

潜水時間を確認する簡単な方法は,
潜水開始時刻を示せるベゼルの付い
たものを使うこと

▼ 水中ナイフ

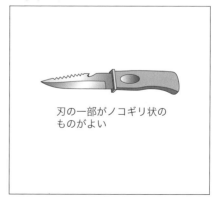

刃の一部がノコギリ状の
ものがよい

Ⅰ章

潜水業務に関する基礎知識

基本問題 潜水業務に必要な器具に関し，次のうち誤っているものはどれか.

(1) 水中時計には，現在時刻や潜水経過時間を表示するばかりでなく，潜水深度の時間的経過の記録が可能なものもある.

(2) 信号索は，潜水作業者と船上との連絡のほか，「いのち綱」の役目も果たすもので，マニラ麻製で太さ1〜2cmのものが使用される.

(3) 全面マスク式潜水で使用するドライスーツは，ブーツが一体となっている.

(4) 軽便マスク式潜水で使用する潜水服は，基本的にはドライスーツ型の専用潜水服であるが，ウェットスーツを使用することもある.

(5) ヘルメット式潜水の場合，ヘルメットおよび潜水服に重量があるので，潜水靴は，できるだけ軽量のものを使用する.

解説 (1) 水中時計には，現在時刻や潜水経過時間を表示するばかりでなく，潜水深度の時間的経過の記録が可能なものもあります.

(5) **ヘルメット式潜水**の場合，ヘルメットおよび潜水服に重量があるので**潜水靴は下半身のバランスを図るため重量のあるもの**を使用します.　　　【答】(5)

Check!
☑　　ヘルメット式の潜水靴 ➡ 重量のあるものを使用

 応用問題1 潜水業務に必要な器具に関し，次のうち誤っているものはどれか.

(1) 救命胴衣は，引金を引くと圧力調整器（レギュレータ）の第1段減圧部から高圧空気が出て，膨張するようになっている.

(2) 信号索は潜水作業者と船上との連絡のほか「いのち綱」の役目も果たすもので，水中電話があっても，万一の事故発生に備えて用意しておくことが望ましい.

(3) スクーバ式潜水で使用する足ひれ（フィン）には，ブーツをはめ込むフルフィットタイプと，爪先（つま）だけを差し込み踵（かかと）をストラップで固定するオープンヒルタイプとがある.

(4) ヘルメット式潜水の場合，潜水靴は，潜水作業中の体の安定と下半身のバランスの確保のため重量のあるものを使用する.

(5) スクーバ式潜水で使用するマスクは顔との密着性が重要で，ストラップをかけないで顔に押し付けてみて呼吸を行い，漏れのないものを使用する.

解説 救命胴衣には，**専用の液化炭酸ガスまたは空気のボンベが装備**されています．緊急時には引金を引くと，ボンベからガスが放出して救命胴衣を膨張させ，水面に浮かぶための浮力が得られます.　　　【答】(1)

Check!
☑　　　救命胴衣 ➡ 専用のボンベからガスを放出

応用問題 2 潜水業務に必要な器具に関し，次のうち誤っているものはどれか.

(1) 浮力調整具は，これに備えられた液化炭酸ガスボンベから入れるガスにより 10〜20 kg の浮力が得られる.
(2) 水中ナイフは，漁網などが絡みつき，身体が拘束されてしまった場合などの脱出のために必要である.
(3) スクーバ式潜水で使用するウェットスーツはスクイーズ（スキーズ）を防止でき，ドライスーツは保温力が大きい.
(4) ヘルメット式潜水用の潜水服は，体温保持と浮力調整のため内部に相当量の空気を蓄えることができるようになっている.
(5) 全面マスク式潜水では，ウェットスーツを着る場合，ネオプレンゴムで作られた足袋やブーツを着用し，移動を容易にするため足ひれ（フィン）を使用することもある.

解　説　図の浮力調整具（BC）は，スクーバ潜水で潜降者が携行した**空気ボンベの圧力調整器**（ファーストステージ）**からの空気を利用**し空気袋（図ではバックパック）を膨張させます.　　【答】(1)

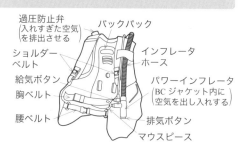

Check!
✓ 浮力調整具（BC）➡ 空気ボンベの空気を利用

 応用問題 3　潜水業務に必要な器具の記述のうち，誤っているものはどれか.

(1) スクーバ式潜水器を使用する場合には，救命胴衣または浮力調整具（BC）を必ず装着しなければならない.
(2) さがり綱（潜降索）は，マニラ麻製で 1〜2 cm の太さのものとし，先端に錘を付け，水深を示す目印として 3 m ごとにマークを付ける.
(3) 信号索は命綱の役目をし，マニラ麻製で 1〜2 cm の太さのものが使用される.
(4) 信号索は，水中電話を使用する場合でも必ず携行しなければならない.
(5) 水深計は，2 本の指針のうち 1 本が潜水中の最大深度を表示する方式が便利である.

解　説　信号索は，水中電話を使用する場合は，携行を省略できます.

【答】(4)

水中電話の使用 ➡ 信号索の携行の省略が可能

Ⅰ編 潜水業務

■次の文は，**正しい(○)?** それとも**間違い(×)?**

(1) 信号索は，潜水作業者と船上との連絡のほか，「いのち綱」の役目も
 果たすもので，マニラ麻製で太さ 1~2 cm のものが使用される.
(2) 全面マスク式潜水で使用するドライスーツは，ブーツが一体となっている.
(3) ヘルメット式潜水の場合，ヘルメットおよび潜水服に重量があるので，潜水
 靴は，できるだけ軽量のものを使用する.
(4) スクーバ式潜水でボンベを固定するハーネスは，バックパック，ナイロンベ
 ルトおよびベルトバックルで構成される.
(5) スクーバ式潜水で使用するウェットスーツには，圧力調整器（レギュレータ）
 から空気を入れる給気弁とスーツ内の余剰空気を排出する排気弁が付いてい
 る.

解答・解説

(1) ○⇒信号索は，マニラ麻製で太さ 1~2 cm のものが
 使用されます.

(2) ○⇒ドライスーツは，スーツ内部に水がまったく入
 らない水密構造となっており，ブーツが一体と
 なっています. 図のようなウェットスーツを着
 る場合には，ネオプレンゴムで作られた足袋や
 ブーツを着用して，移動を容易にするため足ひ
 れ（フィン）を使用することもあります.

(3) ×⇒ヘルメット式潜水の場合，ヘルメットおよび潜
 水服に重量があるので，バランスをとるため潜
 水靴は，**1 組約 30 kg の重量のものを使用**します.

(4) ○⇒ハーネスは，ボンベを固定するものです.

(5) ×⇒**スクーバ式潜水**で使用する**ドライスーツ**には，圧力調整器（レギュレータ）
 から空気を入れることができる**給気弁**とスーツ内の余剰空気を逃がす**排
 気弁**が付いています.

I-15. 混合ガス潜水

学習ガイド

深度が 40 m を超える潜水では, 空気替水に代わって混合ガス潜水が必要となります. ここでは, 混合ガス潜水の概要を把握するようにしてください.

ポ イ ン ト

◎ 呼吸用ガスと特徴

潜水を呼吸用ガスで分類すると, 下表のようになります.

▼ 潜水の呼吸ガスでの分類

潜水区分	特　徴
空気潜水	①空気は, **酸素 21 %**, **窒素 78 %** を含む混合ガスである. ②**一般的な潜水**で, **潜水深度 40 m までに制限**されている. **空気の組成** 二酸化炭素 330 ppm 水　　素 100 ppm ネ オ ン 18 ppm ヘ リ ウ ム 5 ppm アルゴン 1 % 窒素 78 % 酸素 21 %
酸素潜水	①深度 10 m 以上の潜水では酸素中毒になり水中で意識を失うことがあるため, 潜水には深度にかかわらず**純酸素の使用は禁止**されている（潜水作業者が溺水しないように必要な場合のみに認められている）. ②水深 10 m 以下の酸素呼吸は, 減圧時間を空気呼吸に対し半減できる.
窒素・酸素混合ガス潜水（ナイトロックス潜水）	①通常の空気に比べ, **酸素の比率を多く, 窒素の比率を少なくしたもの**である. ②窒素の比率が少ないため窒素酔いの影響が少なく, 同一深度なら減圧時間を短縮できる.
ヘリウム・酸素混合ガス潜水（ヘリオックス潜水）	①ヘリウムは窒素に比べ体に溶け込む量も少なく, 麻酔作用も少ないので, **深い潜水**に適する. ②ヘリウムは高価である. ③熱伝導率が大きく, 呼吸による潜水者の体熱損失が大きい. ④気体密度が小さいため, 音声ひずみが大きく明瞭度が低い.
ヘリウム・酸素・窒素三種混合ガス潜水（トライミックス潜水）	①窒素酔いに罹らない程度に窒素を加えた三種混合ガス（トライミックス）である. ②**中深度域**（50〜90 m）で, **短時間**（40〜60 分）の潜水に適している. ③ヘリウム・酸素混合ガス潜水に比べ, 熱伝導率が小さく, 呼吸による潜水者の体熱損失も少ない.

I章

潜水業務に関する基礎知識

混合ガス潜水の目的

混合ガス潜水は，**呼吸ガスを空気に代えて混合ガス**としたものです．**深度が40 m を超えるような場合**には，高分圧の窒素と酸素の吸入で**窒素酔いや酸素中毒を回避するため，混合ガスが使用**されます．特に，ヘリウムは拡散度が大きいので，減圧時に酸素呼吸に切り替えることによって，必要な停止時間を短縮することができます．

混合ガス潜水に必要な設備・機材

混合ガス潜水に必要な設備・機材について整理すると，下表のようになります．

▼ 混合ガス潜水に必要な設備と機材

設備・機材名	役割など
潜水器	ヘルメットタイプとバンドマスクタイプがあり，両者ともデマンド式潜水呼吸器を装備し，呼吸抵抗が低く装着感に優れている． ヘルメットタイプ　　　　バンドマスクタイプ
温水潜水服	・深度が深いと水温が低いため，保温機能のある温水潜水服を着用する． ・船上の温水供給装置で海水を加温した温水を 1 名当たり 20 L/分以上で温水ホースを介して温水潜水服へ供給し，服内を循環したのち水中に排水される．
アンビリカル	送気ホース，電話通信線，温水供給ホース，深度計測用ホース，映像・電源ケーブルなど複数のホースやケーブル類を一体化したものである．
水中ビデオカメラ，水中ライト	潜水者が装着した水中ライトとビデオカメラで潜水者の作業を船上からモニタする．
ガスカードル	混合ガス潜水では混合ガスの使用量が多いことから，複数本の高圧ボンベを組み合わせたカードルを用いる．
ガスコントロールパネル	混合ガス潜水において，数種類の呼吸ガスを切り換えて送気する．
ダイビングベル	深度が深くなると潜水者が自力で潜降・浮上するのに時間がかかり体力消耗も大きいことから，潜水者の水中搬送を行う．
水中昇降装置	ダイビングベルと連結されたワイヤとウインチで構成され，ダイビングベルを昇降する．

基本問題 ヘリウム・酸素混合ガス潜水に用いるヘリウムの特性に関し，次のうち誤っているものはどれか．
(1) 高い圧力下であっても麻酔作用を起こすことがない．
(2) 体内に溶け込む量が少なく，また，体内から排出される速度が大きい．
(3) 無色，無味，無臭の極めて軽い気体で，呼吸抵抗が少ない．
(4) 熱伝導性が小さいため，呼吸による潜水作業者の体熱損失が少ない．
(5) 気体密度が小さいので，音声の歪みが大きく，言葉の明瞭度が低下する．

解　説 ヘリウムは，**熱伝導率が高い**ため，呼吸による潜水作業者の**体熱損失が大きくなる**特徴があります．

 参　考 混合ガスは，圧力が増して気体密度が高くなると，気体分子の運動が制限されるので混合しにくくなります．

【答】(4)

Check!
ヘリウム ➡ 熱伝導率が高い → 体熱損失が大きい

 応用問題 1 ヘリウムと酸素の混合ガス潜水に用いるヘリウムの特性に関し，次のうち誤っているものはどれか．
(1) ヘリウムは，窒素と同じく不活性の気体であり，窒素のような麻酔作用を起こすことが少ないが，窒素に比べて呼吸抵抗は大きい．
(2) ヘリウムは，酸素および窒素と比べて，熱伝導率が大きい．
(3) ヘリウムは，無色・無臭で燃焼や爆発の危険性がない．
(4) ヘリウムは，体内に溶け込む量が少なく，溶け込む速度が大きいため，速く飽和する．
(5) ヘリウムは，気体密度が小さく，いわゆるドナルドダックボイスと呼ばれる現象を生じる．

解　説 ヘリウムは，窒素と同じく不活性の気体で，窒素のような麻酔作用を起こすことが少なく，**呼吸抵抗は小さい**．このため，水深 40 m 以上の深い潜水に適しています．

【答】(1)

Check!
ヘリウム ➡ 麻酔作用が少なく呼吸抵抗は小さい

I 章

潜水業務に関する基礎知識

応用問題2 混合ガス潜水における温水の供給及び温水ホースに関する次の記述のうち，誤っているものはどれか．

(1) 混合ガス潜水では，深度が深いため水温が低く，潜水時間が長時間におよぶため，保温用の温水潜水服を着用する．

(2) 混合ガス潜水において，送気ホースのほか，電話通信線，温水供給ホース，深度計測用ホース，映像・電源ケーブルなど複数のホースおよびケーブル類を一体化したホース状のものをアンビリカルという．

(3) 温水潜水服では，船上の温水供給装置で海水を加温した温水が，アンビリカルの温水供給ホースを介して温水潜水服へ一定流量で供給される．

(4) 温水供給ホースの内径は，潜水深度が浅い場合は1/4インチ，深い場合は3/8インチを用いる．

(5) 温水潜水服での温水供給量は，通常作業者1名当たり毎分20 L以上とし，水温は適宜調整する．

解 説 **温水供給ホースの内径は，内径1/2インチ**のものを用います．なお，呼吸器用の送気ホースの内径は，潜水深度が浅い場合は1/4インチ，深い場合は3/8インチのものを用います．

▼ 温水供給ホースと送気ホースのちがい

温水供給ホース	深度が深いと水温も低いため，潜水時間も長時間となり，ドライスーツだけでは，体温を保護することができない．このため，温水潜水服に温水を送るホースが温水供給ホースです．
送気ホース	混合ガスを充填した高圧ボンベから減圧器，ガスコントロールパネル，送気ホースを経由して潜水者に送気されます．

【答】(4)

Check!
温水供給ホース ➡ 内径1/2インチ

2章 潜水業務の危険性および事故発生時の措置

2-1. 潜水事故の要因と内容

学習ガイド　潜水作業は，陸上での作業に比べ，事故に対するリスクが大きくなります．このため，事故要因と内容をよく知り，リスクを最小限にする必要があります．

ポイント

◎ 潜水事故の要因と内容

潜水事故の要因と内容を整理すると，下表のようになります．

▼ 事故要因と内容

事故要因	内　容
浮　力	・急激な浮上現象である**吹上げ**により，減圧症，肺の破裂，窒息を引き起こす． ・急激な潜降現象である**潜水墜落**により，**窒息やスクイーズ（締付け障害）**を引き起こす．
水　圧	**スクイーズ（締付け障害）**を引き起こす．
圧縮空気	・圧縮空気の呼吸によって**減圧症，窒素酔い**を引き起こす． ・空気切れして呼吸停止状態で浮上すると，肺の破裂を引き起こす．
送　気	・送気の中断によって窒息（溺れ）を引き起こす． ・ヘルメット式潜水で**送気量が極度に多すぎると吹上げ**の要因となる． ・ヘルメット式潜水で**送気量が極度に少なすぎると潜水墜落，炭酸ガス中毒**の要因となる．
潮　流	・潮流の速い箇所での潜水は，**減圧症**を引き起こしやすい． ・送気式潜水では，送気ホースが流されやすい． **（参考）** 潮流により受ける抵抗の大小関係 　　**ヘルメット式 > 全面マスク式 > スクーバ式**
海中生物	海中生物によるかみつきや有毒な針に刺されることがある．
水中作業	・潜水作業船などのスクリューへの接触やホースの巻込みがある． ・水中での切断作業でのガス爆発や感電の可能性がある． ・水中鋲打ち銃発射時の鋼破片の飛散を受けることがある． ・水中の物体の崩壊や落下による被害を受けることがある．

2章
潜水業務の危険性および事故発生時の措置

ひっかけ問題に注意

危険要因と障害の正しい組合せは，以下のとおりです．注意しましょう！

①潮　流 ——— 減圧症

②水　圧 ——— スクイーズ

③浮　力 ——— 吹上げ，潜水墜落

④圧縮空気 —— 肺の破裂，減圧症，窒素酔い

⑤送　気 ——— 窒息，吹上げ，潜水墜落，炭酸ガス中毒

基本問題 潜水業務における危険またはその予防に関し，次のうち誤っているものはどれか．

(1) コンクリートブロック，魚礁などを取り扱う水中作業においては，潜水作業者が動揺するブロックなどに挟まれたり，送気ホースがブロックの下敷きになり，送気が途絶することがある．

(2) 水中でのアーク溶接作業では，身体の一部が溶接棒と溶接母材に同時に接触すると，感電により苦痛を伴うショックを受けることがある．

(3) 水中でのガス溶断作業では，作業時に発生したガスが滞留してガス爆発を起こし，鼓膜を損傷することがある．

(4) 送気式潜水による作業では，送気ホースが潜水作業船のスクリューに接触したり，巻き込まれることのないようにクラッチ固定装置の設置やスクリューカバーの取付けを行う．

(5) 潜水作業中，海上衝突を予防するため，潜水作業船に図に示す様式の国際信号書 A 旗を掲揚する．

赤色

解 説 潜水作業中，**海上衝突を予防するため潜水作業船に掲揚**しなければならない**国際信号書 A 旗**は，右図のように**白色と青色の組み合わせ**でできています． **【答】**(5)

青色
白色

Check!
潜水作業中の海上衝突の予防 ➡ 白と青の A 旗

 応用問題 1 潜水業務の危険性に関し，次のうち誤っているものはどれか．

(1) 空気切れなどにより息を止めたままで浮上すると肺内の空気の膨張により肺の破裂を起こすことがある．

(2) 水中作業による事故には，潜水ホースが潜水作業船のスクリューへ接触したり，巻き込まれることがある．

(3) 海水が濁って視界の悪いときのほうがサメやシャチのような海の生物による危険性の度合いは低い．

(4) 水中でのアーク溶接作業では，身体の一部が溶接棒と溶接母材に同時に接触すると，感電により苦痛を伴うショックを受けることがある．

(5) 水中でのガス溶断作業では，作業時に発生したガスが滞留してガス爆発を起こし，鼓膜を損傷することがある．

I編 潜水業務

解　説　海水が濁って視界の悪いときのほうがサメやシャチのような海の生物による攻撃を受けやすく, 危険性の度合いは高いです.

このため, **視界の悪いときには潜水を中止**するようにしなければなりません.　　　　　　　　　　【答】(3)

Check!
☑　海水が濁って視界が不良 ➡ 安全策で潜水を中止

 応用問題2　潜水業務の危険性に関し, 次のうち誤っているものはどれか.
(1) 潮流のある場所における水中作業で潜水作業者が潮流によって受ける抵抗は, ヘルメット式潜水より全面マスク式潜水, 全面マスク式潜水よりスクーバ式潜水のほうが小さい.
(2) 水中でのアーク溶接作業では, 身体の一部が溶接棒と溶接母材に同時に接触すると, 感電により苦痛を伴うショックを受けることがある.
(3) 水中でのガス溶断作業では, 作業時に発生したガスが滞留してガス爆発を起こし, 鼓膜を損傷することがある.
(4) サメは海中に流れたわずかな血に対して敏感に反応するので, ケガをしたまま, または血を流している魚をもったまま潜水することは非常に危険である.
(5) 海中の生物による危険には, サンゴ, ふじつぼなどによる切り傷, みずだこ, うつぼなどによる刺し傷のほか, いもがい類やがんがぜなどによるかみ傷がある.

解　説　海中の生物による危険には, 次のものがあります.

① 切り傷 : サンゴ, ふじつぼなど, ② かみ傷 : サメ, シャチ, みずだこ, うつぼなど, ③ 刺し傷 : いもがい類やがんがぜなど.　　　　　　【答】(5)

Check!
☑　サメ, シャチ, みずだこ, うつぼ ➡ かみ傷

2章
潜水業務の危険性および事故発生時の措置

■次の文は, **正しい(○)?**　それとも**間違い(×)?**

水中での溶接・溶断作業では, ガス爆発の危険はないが, 感電する危険がある.

解答・解説

×⇒水中でのガス溶断作業では, 作業時に発生したガスが滞留してガス爆発を起こし, 鼓膜を損傷することがあります. また, 身体の一部が溶接棒と溶接母材に同時に接触すると, 感電により苦痛を伴うショックを受けることがあります.

2-2. 潜水墜落と吹上げ

学習ガイド 急激な潜降現象の潜水墜落や急激な浮上現象の吹上げ（ブローアップ）がなぜ発生するのか，これを予防する方法や措置について学習します．

I 編

潜水業務

ポイント

潜水墜落事故と吹上げ事故

ヘルメット式潜水服を着て潜水中，送気が減少したにもかかわらず排気調整を行わないと，（ スーツ内部の圧力 ＜ **潜水深度の水圧** ）となって服が縮み体積が減少し，浮力も加速的に小さくなり一気に海底まで沈む「**潜水墜落**」を生じます．

ドライスーツを着て潜水した場合，（ スーツ内部の圧力 ＞ 潜水深度の水圧 ）となると，服が膨れ上がって**浮力**が働きます．浮上に伴って，体積増加により浮力が加速的に大きくなり，一気に水面まで浮上する「**吹上げ**」を生じます．

事故の発生原因と予防方法

潜水墜落 → スクイーズ，窒息を招く	吹上げ → 減圧症，肺破裂を招く
- 0 m　1 気圧 → ○ $\frac{1}{1}$ - 10 m　2 気圧 → ○ $\frac{1}{2}$　浮力の減少 - 20 m　3 気圧 → ○ $\frac{1}{3}$ - 30 m　4 気圧 → ○ $\frac{1}{4}$	膨張し続ける　膨張しない 浮力の増加　　が圧力平衡状態のスーツ内の水圧の

	潜水墜落 → スクイーズ，窒息を招く	吹上げ → 減圧症，肺破裂を招く
発生原因	①送気量の不足 ②潜水者の**排気弁の調整の失敗** ③潜降索の不使用 ④吹上げ時の処理の失敗 ⑤急激な潜降	①潜水者の**排気弁の誤操作** ②頭部を下にする姿勢をとろうとして空気が下半身に移動し，**逆立ち状態になった場合** ③**送気量の過大** ④**潜水墜落時の対応の失敗** ⑤突発的に体の自由が奪われた場合
予防方法	①ヘルメット式潜水：**排気弁調整の確実化** ②潜降・浮上時の**潜降索の使用** ③潜水**深度変更時の船上への連絡の確実化** ④潜水深度に応じた送気量の送気 ⑤鉛錘（ウエイト）の適正選定	①ヘルメット式潜水：**排気弁調整の確実化** ②潜降・浮上時の**潜降索の使用** ③水平姿勢に変更する際の**潜水服の過剰な膨らみの防止** ④潜水深度変更時の船上への連絡の確実化 ⑤潜水深度に応じた送気の実施 ⑥鉛錘（ウエイト）の適正選定 ⑦**腰バルブの使用**

基本問題 ヘルメット式潜水における潜水墜落に関し，次のうち誤っている
ものはどれか．
(1) 潜水墜落により，スクイーズ（締付け障害）を起こすことがある．
(2) 潜水墜落により，送気不足となって窒息事故を起こすことがある．
(3) 潜水墜落では，ひとたび浮力が減少して沈降が始まると，水圧が増して浮力
　　がさらに減少するという悪循環を繰り返す．
(4) 潜水墜落は，潜水作業者への過剰な送気に起因して発生する．
(5) 吹上げ時の対応を誤ると潜水墜落を起こすことがある．

解　説 過剰な送気があると浮力が増し，**吹上げ**が発生します．

【答】(4)

Check!
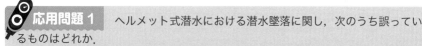
送気量不足 ➡ 潜水墜落　送気量過剰 ➡ 吹上げ

 応用問題 1 ヘルメット式潜水における潜水墜落に関し，次のうち誤ってい
るものはどれか．
(1) 潜水墜落は，潜水服内部の圧力と水圧の平衡が崩れ，内部の圧力が水圧より
　　低くなったときに起こる．
(2) 潜水墜落は，潜水者が頭部を胴体より下にする姿勢をとり，逆立ちの状態に
　　なってしまったときに起こる．
(3) ひとたび浮力が減少して沈降が始まると，水圧が増して浮力がさらに減少す
　　るという悪循環を繰り返す．
(4) 潜水墜落の予防のため，潜水者は潜水深度を変えるときは，必ず船上に連絡
　　する．
(5) 潜水墜落の予防のため，送気員は潜水深度に適合した送気量を送気する．

解　説 **吹上げ**は，潜水者が頭部を胴体より下にする姿勢をとり，**逆立ちの
状態**になってしまったときに起こりやすくなります．これは，逆立ち状態になる
と排気弁の操作が十分に行えず，浮力が過剰となるためです．吹き上げは，潜水
者への過剰な送気によっても起こります．

【答】(2)

2章 潜水業務の危険性および事故発生時の措置

Check!

逆立ち状態の姿勢 ➡ 吹上げの原因の一つ

応用問題2 吹上げに関し，次のうち誤っているものはどれか．

(1) 吹上げは，潜水服内部の圧力と水圧の平衡が崩れ，内部の圧力が水圧より低くなった場合に起こる．

(2) 吹上げは，ヘルメット式潜水のほか，ドライスーツを使用する潜水においても起こる可能性がある．

(3) ヘルメット式潜水において，吹上げを予防するには，身体を横にする姿勢をとるときに，潜水服を必要以上に膨らませないようにする．

(4) ヘルメット式潜水では，吹上げにより逆立ち状態となった場合，ヘルメット内浸水による窒息事故を起こすことがある．

(5) 吹上げの予防措置として潜降・浮上時には，必ずさがり綱（潜降索）を使用する．

解 説 **吹上げ**は，潜水服内部の圧力と水圧の平衡が崩れ，**内部の圧力が水圧より高くなった場合**に起こります．

吹上げの発生メカニズムは，次のとおりです．

内部の圧力が水圧より高くなる → 潜水服内の体積が増加 → 浮上

浮力の増加

【答】（1）

Check!

吹上げの発生条件 → 潜水服内部の圧力 ＞ 水圧

応用問題3 吹上げに関し，次のうち誤っているものはどれか．

(1) 吹上げは，潜水服内部の圧力と水圧の平衡が崩れ，内部の圧力が水圧より高くなったときに起こる．

(2) ヘルメット式潜水において，吹上げが起こったときに浮力調節のため排気弁を開き過ぎると潜水墜落を招く危険性がある．

(3) ドライスーツを使用するスクーバ式潜水においても，吹上げが起こる危険性がある．

(4) 全面マスク式潜水は，デマンド式レギュレータを用いるものであり，ヘルメット式潜水に比べ吹上げの危険性が大きい．

(5) ヘルメット式潜水における吹上げの予防措置として，腰部をベルトで締め付け，空気が下半身に入り込まないようにする．

解　説　ヘルメット式潜水は頭部に排気弁がついていますが，逆立ちの状態になると排気が上手くできなくなり潜水服内の空気が多くなるため，浮力が大きくなって吹上げを起こします。　　　　　　　　　　　　　　【答】（4）

Check!

☑　吹上げの危険性 ➡ ヘルメット式 ＞ 全面マスク式

■次の文は，正しい(○)？　それとも間違い(×)？

(1) 潜水墜落は，潜水服内部の圧力と水圧の平衡が崩れ，内部の圧力が水圧より低くなったときに起こる。
(2) ヘルメット式潜水では，潜水作業者に常に大量の空気が送気されており，排気弁の操作を誤ると吹上げを起こすことがある。
(3) 流れの速い場所でのヘルメット式潜水においては，送気ホースや信号索をたるませず，まっすぐに張るようにして潜水すると吹上げになりにくい。
(4) ヘルメット式潜水において，潜水服のベルトの締付けが不足すると浮力が減少し，潜水墜落の原因となる。
(5) 吹上げは，潜水服内部の圧力と水圧の平衡が崩れ，内部の圧力が水圧より高くなったときに起こる。
(6) 吹上げは，ヘルメット式潜水のほか，ドライスーツを使用する潜水においても起こる可能性がある。

解答・解説

(1) ○⇒**潜水墜落発生のメカニズム**は，次のとおりです。

```
┌─────────────────────┐   ┌─────────────────┐   ┌──────┐
│ 内部の圧力が水圧より低くなる │ → │ 潜水服内の体積が減少 │ → │ 降下 │
└─────────────────────┘   └─────────────────┘   └──────┘
        ↑                                          │
        └──────────────  浮力の減少  ──────────────────┘
```

(2)，(5)，(6) ○
(3) ×⇒流れの速い場所でのヘルメット式潜水においては，送気ホースや信号索をたるませず，まっすぐに張るようにしたとき，潜水者が海底から引き離されて**吹上げ事故**が発生しやすくなります。
(4) ×⇒ヘルメット式潜水において，潜水服のベルトの締付けが不足すると下半身に空気が入り，浮力が増加して**吹上げ事故**の原因となります。
　　このため，ヘルメット式潜水における吹上げの予防措置として，腰部をベルトでしっかり締め付け，空気が下半身に入り込まないようにしなければなりません。

2章 潜水業務の危険性および事故発生時の措置

2-3. 潮流による危険性

学習ガイド

潮流の速い箇所での危険性について学習します.

ポイント

◎ 潮流による危険性と対応

① 潮流の速い箇所での潜水は，作業場所まで到達するのに多大な労力を費やし，**減圧症**を引き起こしやすいです.

② 送気式潜水は，送気ホースが流されやすくなります.

③ 潮流により受ける抵抗の大小関係は，

ヘルメット式 > 全面マスク式 > スクーバ式

で，ヘルメット式潜水は抵抗が大きいため作業が困難です. 潜水方式別の潜水作業のできる潮流の速さは右表のとおりです.

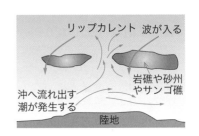

ヘルメット式	0.5 ノット以下
全面マスク式	1.0 ノット以下
スクーバ式	1.5 ノット以下

④ 強潮流下での潜水作業では，潜降索を張り，潜水者は潜降索につかまりながら潜水し，必ず命綱を使用しなければなりません.

⑤ 強潮流下で作業を行うときには，超音波流速計などを用いて水面・水中・海底の潮流速度を計測する必要があります.

⑥ 非常時に備え，潮下（潮流の下手）に潜水作業者の回収船を用意し，潜水作業者が流された場合に回収船に収容できるようにしておきます.

◎ 送気式潜水での送気ホースと潮流

送気式潜水では，潮流により送気ホースが流されるため，図のBのように適度な状態になるよう，送気ホースを繰り出す長さや潜水作業場所と潜水作業船の係留場所との関係に配慮します.

A	潮流による負荷が大きすぎる.
B	**適度な状態**である.
C	潮流により吹き上げられてしまう.

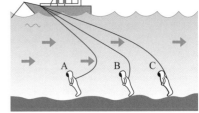

基本問題 潜水業務における潮流による危険性に関し，次のうち誤っているものはどれか．

(1) 潮流の速い水域での潜水作業は，減圧症が発生する危険性が高い．

(2) 潮流は，潮汐の干満がそれぞれ1日に通常2回ずつ起こることによって生じ，小潮で弱く，大潮で強くなる．

(3) 潮流は，開放的な海域では弱いものの，湾口や水道，海峡といった狭く，複雑な海岸線をもつ海域では強くなる．

(4) 上げ潮と下げ潮との間に生じる潮止まりを憩流といい，潮流の強い海域では，潜水作業はこの時間帯に行うようにする．

(5) 送気式潜水では，潮流による抵抗がなるべく小さくなるよう，右図のAに示すように送気ホースをたるませず，まっすぐに張るようにする．

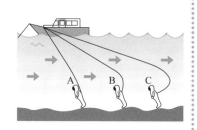

解説 送気式潜水では，送気ホースは**Bのように適度なたるみ**をもたせます．

送気ホースの張り過ぎ（A）	張り過ぎは作業性が悪く，また，潮流によって吹き上げられます．
送気ホースのたるみ過ぎ（C）	たるみ過ぎは潮流により送気ホースが流され，抵抗が大きくなります．

【答】(5)

Check!
送気式潜水の送気ホース ➡ 適度なたるみ

応用問題 潜水業務の危険性に関し，次のうち誤っているものはどれか．

(1) 小型の潜水作業船でコンプレッサの動力に船の主機関を利用する場合，クラッチが誤作動してスクリューが回転し，送気ホースを切断することがある．

(2) コンプレッサの吐出し空気中には，油分，水分などが含まれるので，これらを除去する必要がある．

(3) コンプレッサの空気取入れ口は，作業に伴う破損などを避けるため機関室の内部に設置する．

2章 潜水業務の危険性および事故発生時の措置

(4) 潜水作業中，海上衝突を予防するため，潜水作業船に国際信号書のA旗を掲げる．

(5) 送気式潜水では，潮流により送気ホースが流されるため，図のBに示すように適度な状態になるよう，

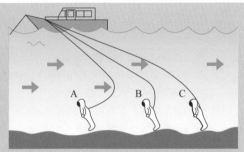

送気ホースを繰り出す長さや潜水作業場所と潜水作業船の係留場所との関係に配慮する．

解説 機関室内は，排ガスや油類の飛沫で汚れているため，コンプレッサの空気取入れ口は，新鮮な空気を取り入れるため機関室外に設置します．

【答】(3)

Check!

コンプレッサの空気取入れ口 ➡ 機関室外に設置

■次の文は，**正しい(○)？** それとも**間違い(×)？**

(1) 潮流は，通常1日に1回ずつ起こる潮汐の干満によって生じる流れのことであり，小潮で遅く，大潮で速くなる．

(2) 潮流の速い水域で潮流の抵抗を受ける度合いは，ヘルメット式潜水より全面マスク式潜水，スクーバ式潜水のほうが小さい．

(3) 潮流は，湾口や水道，海峡といった狭く，複雑な海岸線をもつ海域では弱いが，開放的な海域では強い．

(4) 潮流の速い水域でスクーバ式潜水により潜水作業を行うときは，命綱を使用する．

解答・解説

(1) ×⇒潮流は，潮汐の干満がそれぞれ**1日に2回ずつ起こる**ことによって生じ，小潮で弱く，大潮で強くなります．

(2)，(4) ○

(3) ×⇒潮流は，湾口や水道，海峡といった狭く，複雑な海岸線をもつ海域では強いが，開放的な海域では弱くなります．

2-4. 水中拘束

学習ガイド 潜水者が水中で身動きのとれなくなる「水中拘束」事故がなぜ発生するのか，これを予防するための方法および措置について学習します．

ポイント

◎ 水中拘束事故

　水中拘束が発生すると，潜水者は浮上も**潜降もできず，水中で長時間身動きのとれない**パニック状態となります．

　例えば，ヘルメット式や全面マスク式の送気式潜水では送気ホースが何かに引っ掛かった状態がこれに該当します．また，全面マスク式やスクーバ式では，作業に使用したロープが何かに引っ掛かった状態がこれに該当します．

▼ 水中拘束

◎ 水中拘束事故の発生原因と予防・措置

発生原因	予防方法	潜水者救出後の措置
①送気ホースの吊りフック・ワイヤ・スクリューなどの障害物への絡みつき ②重量物の下敷き状態発生 ③ロープや魚網類の潜水器への絡みつき ④ダム・放水口での足の吸込み ⑤テトラポットへの足のはさみ込み	①作業現場状況に合わせた作業手順の遵守 ②障害物通過経路の同一化 　（経路を覚えておき，**往復とも同一経路**を辿る） ③**障害物の上を越える** 　（リスクの回避） ④使用済みロープの船上への回収 　（混雑回避） ⑤**スクーバ式潜水での2人1組作業の実施** ⑥**沈没船や洞窟などの狭隘箇所ではガイドロープを確実に使用する** ⑦**水中ナイフの携行**	減圧症を起こした場合には再圧治療を実施する．

 基本問題 水中拘束に関し，次のうち誤っているものはどれか．
- （1）送気式潜水では，送気ホースが他の作業船のスクリューやワイヤに絡まって水中拘束になることがある．
- （2）ダムの取水口付近で足が吸い込まれ，動けなくなって水中拘束になることがある．

2 章

潜水業務の危険性および事故発生時の措置

(3) ブロックなどの重量物の下敷きになって水中拘束になることがある.

(4) 水中拘束によって水中滞在時間が延長した場合でも，当初の減圧時間をきちんと守って浮上する.

(5) 水中拘束予防のため，潜水を予定する水域の状況を事前に調べて，潜水作業の手順を検討する.

解　説　減圧時間は実際の潜水時間により決める必要があります. このため，**水中滞在時間が延長した場合，当初の減圧時間を変更し，水中拘束で延長された潜水時間に対応した減圧時間で浮上**しなければなりません.

【答】（4）

Check!
水中滞在時間が延長 ➡ 当初の減圧時間を変更

応用問題　水中拘束の予防法として，適切でないものは次のうちどれか.

(1) 送気式潜水では，潜水作業船にクラッチ固定装置やスクリュー覆いを取り付ける.

(2) 潜水を予定する水域の状況を事前に調べて，潜水手順を検討する.

(3) 送気式潜水では，障害物を通過するときは，周囲を回ったり，下をくぐり抜けないで，上を越えていったりするようにする.

(4) 魚網の近くで潜水するときは，魚網に絡まる危険を避けるため，通話装置以外の信号索や水中ナイフを携行しないようにする.

(5) スクーバ式潜水では，潜水作業者2人1組で作業を行う.

解　説　(4) 魚網の近くで潜水するときは，潜水方式の種類にかかわらず，**水中ナイフの携行は必須**です.

(5) スクーバ式潜水では，潜水作業者2人1組で作業を行い，相手方を**バディ**と呼びます.

相互の安全を確認しながら行動を共にし，1人にトラブルがあったとき，相手方が対処できるようにしてトラブルや危険を回避するようにします.

【答】（4）

刃の一部がノコギリ状のものがよい

Check!
ロープや漁網の近くの潜水 ➡ 水中ナイフを携行

2-5. 溺れ

呼吸ができなくなることによって「溺れ」事故が発生しますが，どのような要因で発生するのか，これを予防するための方法および措置について学習します．

ポイント

◎ 溺れ事故

溺れは，気道や肺に水が入って呼吸できなくなり「窒息」状態になった場合や，鼻に水が入り呼吸が止まるような場合に発生します．

▼ 溺水者の救助

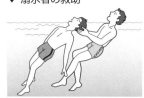

◎ 溺れ事故の発生原因と予防・措置

発生原因	予防方法	潜水者救出後の措置
①**不完全な装備や潜水技術の未熟**（例：ヘルメット式潜水でのヘルメットと肩金の不完全な接合や面ガラスの破損） ②**スクーバ式では窒素酔いなどのトラブルからパニックを生じ，マウスピースを外したとき** ③**ボンベの空気の使いきり**	①事故・緊急事態を想定した教育訓練の実施 ②潜水前の器具の点検・整備の確実な実施 ③体調不調時の潜水の禁止 ④**スクーバ式：救命胴衣または BC（浮力調整具）の着用** ⑤**ヘルメット式：命綱の使用** ⑥スクリューによる送気ホース切断事故回避のため，潜水作業船へのクラッチ固定装置・スクリュー覆いの取付け	①上気道からの水や異物の除去 ②救急蘇生の実施（人工呼吸やマッサージ） ③医師による早期処置 ④減圧症に対する措置

 基本問題 溺れの原因および予防に関し，次のうち誤っているものはどれか．

(1) 潜水作業中のトラブルによるパニックが原因で溺れることがある．

(2) マスクの外れなどにより，気道や肺に水が入って窒息状態となり溺れることがある．

(3) 水が気道に入ったとき反射的に呼吸が止まって，溺れることがある．

(4) 溺れを予防するには潜水前に潜水器具・設備の十分な点検，整備を励行する．

(5) 溺れの原因には，不完全な装備によることが多く，潜水技術の未熟に起因することはない．

解 説 溺れの原因には，不完全な装備や潜水技術の未熟に起因するものがあります．　　　　　　　　　　　　　　　　　　　　　　　【答】(5)

Check!

　溺れの原因 ➡ 不完全な装備や潜水技術の未熟

応用問題 1 溺れに関し，次のうち誤っているものはどれか．

(1) 潜水中の溺れは，ヘルメット式潜水器の面ガラスの破損による浸水などのように不完全な装備によるものや潜水技術の未熟さに起因するものが多い．

(2) 冷水中での潜水で体温が低下すると，不整脈や心停止が生じ，溺れるおそれがある．

(3) スクーバ式潜水では，些細なトラブルからパニック状態に陥り，正常な判断ができなくなり，くわえている潜水器をはずしてしまって溺れることがある．

(4) スクーバ式潜水での溺れを防止するためには，救命胴衣または浮力調整具を必ず着用する．

(5) 水が気管に入っただけでは呼吸が止まることはないが，気管支や肺に水が入ってしまうと窒息状態となって溺れてしまう．

解　説　水が**気管**に入っただけで反射的に**呼吸が止まる**ことがあり，**気管支や肺**に水が入ってしまうと**呼吸困難となり窒息状態**となって溺れてしまうことがあります． 【答】(5)

Check!
☑ 水が気管支や肺に入る ➡ 呼吸困難 → 窒息して溺れる

応用問題 2　水中拘束または溺れの予防に関し，次のうち誤っているものはどれか．

(1) 送気式潜水では，潜水作業船にクラッチ固定装置やスクリュー覆いを取り付ける．

(2) 送気式潜水では，障害物を通過するときは，周囲を回ったり，下をくぐり抜けたりせずに，その上を越えていくようにする．

(3) 沈船や洞窟などの狭いところに入る場合には，ガイドロープを使わないようにする．

(4) スクーバ式潜水では，救命胴衣または BC（浮力調整具）を着用する．

(5) スクーバ潜水では，潜水者 2 人 1 組で作業を行う．

解　説　沈船や洞窟などの狭いところに入る場合には，出口を見失ったり，障害物による水中拘束を招くおそれがあります．このため，**出口に通ずる経路にはガイドロープを設置**し，これを基準に行動するようにします．

【答】(3)

Check!
☑ 沈船や洞窟など狭いところ ➡ ガイドロープの設置

2-6. 特殊環境での潜水

潜水では，特殊環境での潜水を余儀なくされることもあります．このような場合，一般的な潜水と異なるところをしっかりと学習しておく必要があります．

ポイント

◎ 特殊環境での潜水

潜水環境別に，影響と対処方法についてまとめると次のようになります．

潜水環境	特異性	対処方法
①冷水	体温低下により運動器機能が低下し，減圧症の発症を増長させる．	・ドライスーツの着用での熱損失の軽減 ・極寒地では温水潜水服を着用 ・大深度潜水でヘリウムを使用した混合ガス潜水では，加温装置は不可欠
②高所域	1 絶対気圧以下のため，潜水深度との圧力差が大きくなる．	・減圧不足にならぬよう減圧に注意が必要 ・飛行機に乗る場合，潜水後 24 時間以上の経過が必要
③淡水	海水と比べ密度が低いため浮力が小さくなる．	・鉛錘（ウエイト）を海水時より軽量化
③淡水	人体のほうが淡水より電気抵抗が低い．	・作業時の感電に対する注意 ・人体の非露出化（スーツ・手袋の着用）
③淡水	海水と比べ塩分がなく殺菌作用や浄化作用が劣る．	・潜水後の衛生保持と確実な化膿処置
④暗渠内	潜水者の頭上が閉鎖的で，水面に直接浮上できない．	・機動性の良いスクーバ式潜水 ・非常用・緊急用の呼吸ガスの二重化 ・3 人以上の潜水チームでの作業化 ・潜水案内用ロープの使用
⑤無視界	泥・砂・ヘドロなどにより，ごく一部の範囲しか視認できない．	・スクーバ式潜水では危機回避のため 2 人 1 組で潜水 ・全面マスク式では水中電話を組み合わせた単独潜水のほうが安全．また，ライフラインを装備 ・障害物の切断に用いるナイフやペンチ，ヤスリを装備
⑥汚染水域	細菌・原虫類・ウイルスなどが存在するので，下痢や外耳道炎，化膿性皮膚疾患にかかりやすい．	・熟練潜水者が完全装備と潜水支援体制の下で作業を実施 ・露出部を極力少なくし送気式により潜水
⑦強潮流	潜水作業場所に到達するのに多大な労力を費やす．	・作業現場までガイドロープを設置 ・潮流の下手に潜水者の回収船を設置 ・超音波流速計での水面・水中・海底の潮流速度の計測

2章 潜水業務の危険性および事故発生時の措置

◎ 海流などの地形による変化

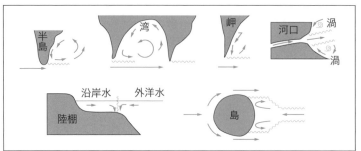

 ひっかけ問題に注意

特殊環境での潜水について，以下のような内容を選んではなりません．

| 暗渠内潜水で長時間潜水できるのはヘルメット式潜水 |

→正解は，「機動性の良いスクーバ式潜水」です．スクーバ式潜水は，設備が簡単
で機動性があるが，エア切れを起こすことが多いので注意が必要です．

| 汚染のひどい水域で適するのはスクーバ式潜水 |

→正解は，「露出部を極力少なくした装備で，送気式潜水器を用いて潜水すること
が望ましい」です．

| 強潮流下ではヘルメット潜水に比べスクーバ式潜水のほうが作業が困難 |

→正解は，「ヘルメット式潜水のほうが抵抗が大きく作業が困難」です．

| 強潮流下での潜水作業では体の動きを拘束する命綱を使用しない |

→正解は，「潜降索を張り，潜水者は潜降索につかまりながら潜水し，必ず命綱を
使用しなければらない」です．

 基本問題 特殊な環境下における潜水に関し，次のうち誤っているものはど
れか．

(1) 暗渠内潜水は，非常に危険であるので，潜水作業者は豊富な潜水経験と高度
な潜水技術，精神的な強さが必要とされる．

(2) 冷水中ではウェットスーツよりドライスーツのほうが体熱の損失が少ない．

(3) 河川での潜水では，流れの速さに特に注意する必要があるので，命綱（ライ
フライン）を使用したり，装着するウエイト重量を増やしたりする．

(4) 寒冷地での潜水作業の際には，送気ホースや排気弁，レギュレータが凍結す
ることがあるので，水温のほか気温の低下にも注意する必要がある．

(5) 山岳部のダムなど高所域での潜水では，海面に比べて環境圧が低いので，通常の海洋での潜水よりも減圧浮上時間は短くできる．

解 説 （2）冷水中ではウェットスーツよりドライスーツのほうが体熱の損失が少ないので，冷水中での長時間の作業にはドライスーツのほうが適しています．

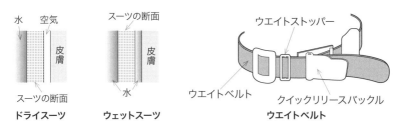

ドライスーツ　　**ウェットスーツ**　　　　　**ウエイトベルト**

（3）河川での潜水では，流れの速さに特に注意する必要があり，命綱を使用したり，ウエイト重量を増大して装着します．

（5）浮上の際に使用する減圧表は，水面気圧を1気圧として作成されています．しかし，高所域での水面の気圧は1絶対気圧以下です．つまり，**高所域での潜水**では，海面に比べて環境圧が低いので，その分を補正し通常の海洋での潜水より**減圧浮上時間を長く**しなければなりません．　　　　　　**【答】(5)**

Check!
☑️　　高所域での潜水 ➡ 減圧浮上時間を長くする

応用問題　特殊な環境下における潜水に関し，次のうち誤っているものはどれか．

(1) 冷水中での長時間の作業には，ドライスーツのほうが，ウェットスーツより適している．
(2) 山岳部のダムなど高所域の潜水では，環境圧が低いため，通常の海洋での潜水よりも長い減圧浮上時間が必要となる．
(3) 暗渠内潜水では，長時間潜水することができるヘルメット式潜水によることが多い．
(4) 汚染のひどい水域では，スクーバ式潜水は不適当であり，露出部を極力少なくした装備で，送気式潜水器を用いて潜水することが望ましい．
(5) スクーバ式潜水とヘルメット式潜水を比較した場合，強潮流下ではヘルメット式潜水のほうが抵抗が大きく作業が困難である．

解説 暗渠内は非常に危険な潜水環境で，豊富な潜水経験と高度な潜水技術や精神的強さが要求され，機動性の良い**スクーバ式潜水**によることが多いです．

スクーバ式潜水は，設備が簡単で機動性に優れていますが，エア切れを起こすことがあるので注意しなければなりません． 【答】（3）

Check!
☑ 暗渠内での潜水 ➡ 機動性のよいスクーバ式潜水

■次の文は，**正しい（○）？** それとも**間違い（×）？**

(1) 汚染のひどい水域では，スクーバ式潜水や全面マスク式潜水は不適当である．
(2) 山岳部のダムなど高所域での潜水では，環境圧は低いが，減圧症の予防のため，通常の潜水と同じ減圧時間で減圧する必要がある．
(3) 暗渠内潜水は，機動性に優れているスクーバ式潜水により行われることが多い．
(4) 冷水中では，ドライスーツよりウェットスーツのほうが体熱の損失が少ない．
(5) 寒冷地での潜水では，潜水呼吸器のデマンドバルブ部分が凍結することがある．

解答・解説

(1)，(3)，(5) ○
(2) ×⇒山岳部のダムなど高所域での潜水では，環境圧が低いため，減圧症の予防のため，通常の潜水より減圧時間を長くしなければなりません．
(4) ×⇒冷水中では，ウェットスーツよりドライスーツのほうが体熱の損失が少ないです．

2編

送気，潜降
および浮上

Ⅰ章 潜水業務に必要な送気の方法

Ⅰ-Ⅰ. 空気潜水の送気

学習ガイド

潜水者に対して送気する方法には，送気式と自給気式とがあります．ここでは，送気系統を中心に学習します．

ポイント

◎ 送気式と自給気式

- 送気式：ヘルメット式，全面マスク式などがあり，潜水者への**送気は船上から**ホースを介して行います．
- 自給気式：スクーバ式で，潜水者への**送気は携行するボンベから**行います．

◎ 送気式と自給気式の送気系統

潜水方法による送気系統は，各方式により異なり，以下のとおりとなります．

- **ヘルメット式**

空気圧縮機 ⇒ 逆止弁 ⇒ 空気槽（調節用空気槽＋予備空気槽） ⇒ 空気清浄装置 ⇒ 流量計 ⇒ 送気ホース ⇒ 腰バルブ ⇒ 逆止弁 ⇒ ヘルメット ⇒ 排気弁

参考 潜水作業船の機関室内に設置した空気圧縮機は，常に新鮮な空気を取り入れるため，ストレーナを機関室の外に設けます．

- **全面マスク式**

空気圧縮機 ⇒ 逆止弁 ⇒ 空気槽（調節用空気槽＋予備空気槽）＋圧力計 ⇒ 空気清浄装置 ⇒ 流量計 ⇒ 送気ホース ⇒ 圧力調整器（レギュレータ） ⇒ 排気弁

参考 予備空気槽を設けず予備ボンベの携行でもよい．

- **スクーバ式**

ボンベ ⇒ （バルブ） ⇒ 圧力調整器（レギュレータ）……（ファーストステージ＋中圧ホース＋セカンドステージ） ⇒ 排気弁

基本問題 ヘルメット式潜水方式の送気系統を示した下図において，A から C の設備の名称の組合せとして正しいものは（1）〜（5）のうちどれか．

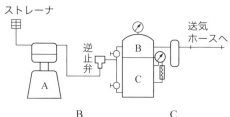

	A	B	C
（1）	予備空気槽	空気清浄装置	調節用空気槽
（2）	調節用空気槽	空気清浄装置	予備空気槽
（3）	調節用空気槽	予備空気槽	空気清浄装置
（4）	コンプレッサ	予備空気槽	調節用空気槽
（5）	コンプレッサ	調節用空気槽	予備空気槽

解 説 各部の名称は以下のとおりです．

A：コンプレッサ（空気圧縮機），**B：調節用空気槽**，**C：予備空気槽**

なお，コンプレッサの代わりに高圧ボンベを用いる場合は，予備空気槽と空気清浄装置を設けなくてもよい． 【答】（5）

参 考 紛らわしいですが，下図のパターンで出題されることがあります．この場合には，**A：コンプレッサ**（空気圧縮機），**B：予備空気槽**，**C：調節空気槽**となります．

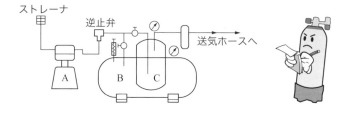

Check!

ヘルメット式での送気の順：
空気圧縮機 ➡ 逆止弁 ➡ 空気槽 ➡ 空気清浄装置

I 章

潜水業務に必要な送気の方法

応用問題 1 ヘルメット式潜水の送気系統を示した下図において，AからC までの設備の名称として，正しいものの組合せは（1）～（5）のうちどれか.

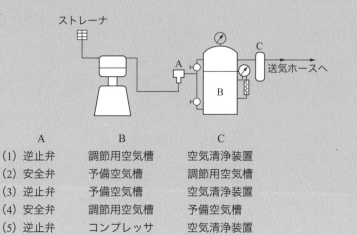

	A	B	C
(1)	逆止弁	調節用空気槽	空気清浄装置
(2)	安全弁	予備空気槽	調節用空気槽
(3)	逆止弁	予備空気槽	空気清浄装置
(4)	安全弁	調節用空気槽	予備空気槽
(5)	逆止弁	コンプレッサ	空気清浄装置

解 説 各部の名称は，以下のとおりです.

A：逆止弁，B：予備空気槽，C：空気清浄装置

逆止弁は，**空気圧縮機**と**空気槽**の間に設け，空気槽からの逆流を防ぎます.

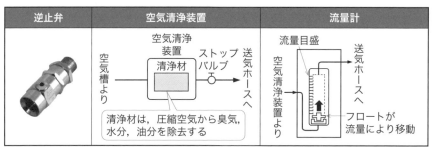

【答】（3）

Check!
☑ 逆止弁 ➡ 空気槽 ➡ 空気清浄装置 の順

応用問題2 全面マスク
式潜水の送気系統を示した右図
において，AからCの設備の名
称の組合せとして，正しいもの
は（1）〜（5）のうちどれか.

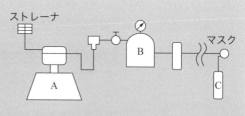

	A	B	C
(1)	圧力調整装置	流量計	空気清浄装置
(2)	圧力調整装置	流量計	予備ボンベ
(3)	コンプレッサ	流量計	空気清浄装置
(4)	コンプレッサ	調節用空気槽	空気清浄装置
(5)	コンプレッサ	調節用空気槽	予備ボンベ

解 説 各部の名称は，以下のとおりです.

A：コンプレッサ（空気圧縮機），**B：調節用空気槽**，**C：予備ボンベ**

図より，調節用空気槽があるものの予備空気槽がないことがわかります. これ
は，全面マスク式潜水器では，「高圧則（高気圧作業安全衛生規則）」で，潜水者
が規定の容量を満たす緊急ボンベ（**予備ボンベ**）を携行する場合は，予備空気槽
を省略できるよう規定されているためです. 【答】（5）

Check!
全面マスク式 → 予備空気槽または予備ボンベが必要

応用問題3 フーカー式
潜水方式の送気系統を示した右
図において，AからCの設備の
名称の組合せとして正しいもの
は（1）〜（5）のうちどれか.

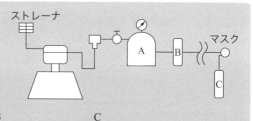

	A	B	C
(1)	調節用空気槽	圧力調整器	予備ボンベ
(2)	予備空気槽	逆止弁	空気清浄装置
(3)	調節用空気槽	空気清浄装置	予備ボンベ
(4)	圧力調整器	調節用空気槽	空気清浄装置
(5)	圧力調整器	空気清浄装置	予備ボンベ

I章

潜水業務に必要な送気の方法

A：調節用空気槽，**B**：空気清浄装置，**C**：予備ボンベ　　　　　【答】（3）

Check!

✓ 調節用空気槽 ➡ 空気清浄装置と予備ボンベが必要

応用問題4　平均毎分20 Lの呼吸を行う潜水作業者が，水深10 mにおいて，内容積12 L，空気圧力19 MPa（ゲージ圧力）の空気ボンベを使用してスクーバ式潜水により潜水業務を行う場合の潜水可能時間に最も近いものは次のうちどれか．ただし，空気ボンベの残圧が3 MPa（ゲージ圧力）になったら浮上するものとする．
(1) 28分　　(2) 38分　　(3) 48分
(4) 58分　　(5) 68分

解　説　空気圧力19 MPa（ゲージ圧力）の空気ボンベを使用し，残圧が3 MPa（ゲージ圧力）になったら浮上するので，

　　　潜水業務に使用できる圧力 = 19 − 3 = 16 MPa

となります．大気圧は **0.1 MPa** であるため，潜水業務に使用できる圧力16 MPaを気圧に直すと，

$$\frac{16}{0.1} = 160 \text{ 気圧}$$

したがって，潜水業務中に使用できる空気の量（大気圧換算値）は，

　　　内容積 12 L×160 = **1 920 L**

となります．一方，潜水作業者は平均毎分20 Lの呼吸を行うので，水深10 m（絶対気圧 = 2）での空気の消費量は，

　　　潜水作業者の空気消費量 = 2×20 = **40 L/分**

したがって，求める潜水可能時間は，

$$潜水可能時間 = \frac{1\,920 \text{ L}}{40 \text{ L/分}} = \textbf{48 分}$$

参考　これほどよく出題される問題はありません．数値が少し変わる場合がありますので，注意してください！

【答】（3）

Check!

✓ $$潜水可能時間 = \frac{使用できる空気の量（大気圧換算値）〔L〕}{空気の消費量〔L/分〕}$$

1-2. 送気業務に必要な設備

学習ガイド 潜水者に対して送気する設備にはどのようなものがあるか，それぞれの機材の役割などについて学習します．

◎ ヘルメット式での構成機材の役割

空気圧縮機（高圧の空気を作る）⇒ 逆止弁 ⇒ 空気槽（調節用空気槽＋予備空気槽）
（断続的な脈流の圧縮空気を空気槽に貯め空気の流れを整える）⇒ 空気清浄装置
（圧縮空気中の臭気・水分・油気を取り除く）⇒ 流量計（送気量を確認する）
⇒ 送気ホース（柔軟性を提供する）⇒ 腰バルブ（潜水者が空気量の調整をする）
⇒ 逆止弁 ⇒ ヘルメット ⇒ 排気弁（余剰空気や呼気の排出をする）

機材の名称	役　割
空気圧縮機（コンプレッサ）	原動機で駆動され，ピストンを往復させてシリンダ内の空気を圧縮し，高圧の圧縮空気を作ります．
逆止弁	送気された圧縮空気の逆流を防止します．
空気槽	① **潜水者への一定した送気の実施** 　空気圧縮機からの圧縮空気は脈流であるため，いったん空気槽に貯め，流れを整えたうえで送気します． ② **空気圧縮機故障時のリスク対策** 　空気圧縮機が故障した場合を想定し，予備空気槽を備えることで圧縮空気の備蓄機能を保有しています．
空気清浄装置	潜水者に送気する空気を清浄なものとするため，圧縮空気から臭気・水分・油分を取り除きます．このため，空気清浄材にはフェルトや活性炭が使用されます．
流量計	潜水者に適量の空気が送気されていることを確認するための計器です．
送気ホース	空気圧縮機⇒空気槽⇒空気清浄装置⇒流量計→ヘルメットの順に送気されますが，これらの⇒や→部分に用いられ，送気を確実にします． ・⇒部分：高温・振動に耐える金属管（銅パイプ，フレキシブルパイプ）が使用されます． ・→部分：強じん・柔軟なゴムホースが使用されます．
腰バルブ	送気量の調節と潜水服からの空気の逆流を防ぐ安全弁の役目を果たします．
排気弁	ヘルメットに設け，浮力調節のため潜水服内の余剰空気と潜水者の呼気を排出します．潜水者は自分の頭部を使い操作できるほか，外部より手で調節することも可能です．

1章

潜水業務に必要な送気の方法

▼ ヘルメット式での２人用送気系統

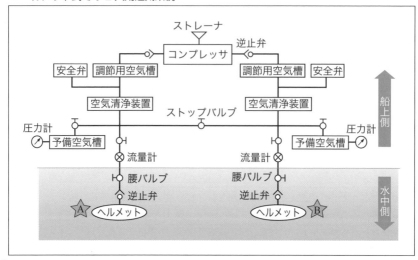

空気槽の構造例

　空気槽は，空気圧縮機と空気清浄装置との間に施設するのが基本です．２人用空気槽は，左右対称で，潜水者ごとに調節用空気槽と予備空気槽を備えます．

▼ 二人用空気槽の構成

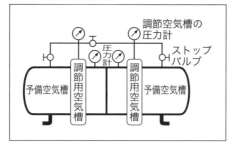

空気槽の役割

　空気槽は，以下に示す役割があります．

① **潜水者への一定した送気の実施**：空気圧縮機からの圧縮空気は脈流であるので，これをいったん空気槽に貯め，流れを整えたうえで送気します．

② **圧縮空気からの臭気・油分・水分の分離**：空気圧縮機からの圧縮空気には，シリンダ内部からの臭気・油分・水分が含まれるのでこれを分離します．

③ **空気圧縮機故障時のリスク対策**：空気圧縮機が故障した場合を想定し，予備空気槽を備えることで圧縮空気の備蓄機能を保有しています．

1 予備空気槽の空気圧力：その日の**最高潜水深度の圧力の 1.5 倍以上**

 2 空気圧縮機の点検周期：重要な部分は **1 週間に 1 回以上**

◎ 空気清浄装置の役割

潜水者に送気する空気を清浄なものとするため，圧縮空気から臭気や水分・油分を取り除きます．

このため，空気清浄材には**フェルトや活性炭**が使用されます．

 空気清浄装置の点検周期：1 か月に 1 回以上（内部の汚れ具合やフィルタの状態を点検します）．

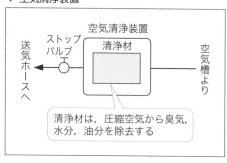

▼ 空気清浄装置

◎ 流量計の役割

潜水者に適量の空気が送気されていることを確認するための計器です．流量計には特定の送気圧力による流量が目盛られており，その圧力以外での送気の場合には，圧力補正表で換算する必要があります．

 1 流量計の点検周期：6 か月に 1 回以上（流量計本体の傷，破損などの異常の有無，目盛り板内への油などの汚染，作動状況を点検します）．

 2 始業前に作動状況を点検します．

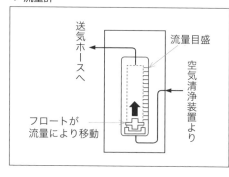

▼ 流量計

◎ 送気用配管と送気ホース

① **ヘルメット式潜水器の場合**：ヘルメット式潜水器では，（空気圧縮機⇒空気槽⇒空気清浄装置⇒流量計→ヘルメット）の順に送気されます．ここで，矢印（⇒）には，高温・振動に耐える金属管（銅パイプ，フレキシブルパイプ）が使用され，矢印（→）には内径 12.7 mm，長さ 1 本 15 m または 50 m の強じん・柔軟なゴムホースが使用されます．

I章

潜水業務に必要な送気の方法

② **全面マスク式潜水器の場合**：全面マスク式潜水器では，（手押しポンプ→マスク）の順に送気されます．ここで，矢印（→）には内径8 mmの強じん・柔軟なゴムホースが使用されます．

🌀 送気ホースの始業点検

始業前に，継手・腰バルブの点検および送気ホースの耐圧試験を実施します．耐圧試験は，**ホースの最先端を閉じて最大使用圧力以上の圧力**をかけ，耐圧性と空気漏れの有無について点検確認します．

▼ 送気ホース

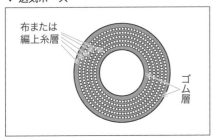

布または
編上糸層

ゴム層

▼ 腰バルブ

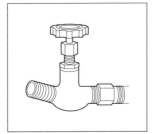

🌀 腰バルブ（ヘルメット式潜水器）

腰の位置を固定しておき，**送気量を調節**できるバルブです．腰バルブのもう一つの役割は，コンプレッサや送気ホース故障による潜水服からの空気の逆流を防ぐことで，**安全弁の役目**をします．

🌀 逆止弁（ヘルメット式潜水器）

ヘルメットの後部の送気ホース取付け口に組み込まれ，送気された圧縮空気の逆流を防止します．

🌀 排気弁（ヘルメット式潜水器）

ヘルメットの右後部に設け，浮力調節のため潜水服内の余剰空気と潜水者の呼気を排出します．潜水者は自分の頭部を使い操作できるほか，外部より手で調節することも可能です．

🌀 ボンベ（スクーバ式潜水器）

高圧空気を充填したスチール製（鋼合金製）またはアルミ製で，潜水者に空気を供給します．

基本問題 潜水業務に用いるコンプレッサに関し，次のうち誤っているものはどれか．
(1) コンプレッサは，原動機で駆動され，ピストンを往復させてシリンダ内の空気を圧縮する構造となっている．
(2) ストレーナは，コンプレッサに吸入される外気をろ過し，ごみなどの侵入を防ぐための装置である．
(3) コンプレッサの冷却方式には，水冷式と空冷式があり，固定式のコンプレッサでは水冷式が多く採用されている．
(4) 出力が大きい潜水作業船では，コンプレッサ専用の原動機を設置しているものが多い．
(5) コンプレッサの圧縮効率は，吐出圧力が 0.2〜0.3 MPa の範囲で最も高く，それより低圧でも高圧でも低くなる．

解　説　空気圧縮機（コンプレッサ）の**圧縮効率**は，**吐出圧力が高くなるほど低下**します．

$$圧縮効率 = \frac{実際の送気量}{理論上の送気量}$$

【答】(5)

Check!
☑ 圧縮機の効率 ➡ 吐出圧力の上昇とともに低下

 応用問題 1　送気式潜水に使用する設備の取扱いに関し，次のうち誤っているものはどれか．
(1) 始業前に，空気槽にたまった凝結水や機械油などは，ドレーンコックを開放して放出する．
(2) 始業前に，空気槽の逆止弁，安全弁，ストップバルブなどを点検し，空気漏れがないことを確認する．
(3) 潜水前には，予備空気槽の圧力がその日の最高潜水深度の圧力の 1.5 倍以上となっていることを確認する．
(4) 終業後，調節用空気槽は，ドレーンを排出し，内部に 0.1 MPa 程度の空気を残すようにしておく．
(5) 予備ボンベ（緊急ボンベ）は定期的な耐圧検査が行われたものを使用し，6か月に 1 回以上点検するようにする．

Ⅰ章

潜水業務に必要な送気の方法

解説 終業後，調節用空気槽は，ドレーンを排出し，**内部の圧縮空気を完全に排出**して腐食や汚染を防ぐようにします．

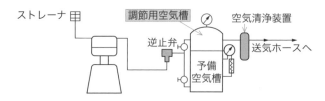

ストレーナ

逆止弁

調節用空気槽

空気清浄装置

送気ホースへ

予備
空気槽

調節用空気槽 ：空気の流れを整え，臭気・油分・水分を取り除くものです．

予備空気槽 ：故障時に備えて空気を貯えておくものです．

【答】（4）

Check!

調節用空気槽 ➡ 終業後は圧縮空気を残さない

 応用問題 2 送気業務に必要な設備に関し，次のうち誤っているものはどれか．

(1) 流量計は，空気清浄装置と送気ホースの間に取り付けて，潜水作業者に適量の空気が送気されていることを確認する計器である．

(2) 流量計には，特定の送気圧力による流量が目盛られており，その圧力以外で送気するには換算が必要である．

(3) 送気ホースは，始業前に，ホースの最先端を閉じ，最大使用圧力以上の圧力をかけて，耐圧性と空気漏れの有無を点検，確認する．

(4) 潜水前には，予備空気槽の圧力がその日の最高潜水深度の圧力の 1.5 倍以上となっていることを確認する．

(5) フェルトを使用した空気清浄装置は，潜水作業者に送る圧縮空気に含まれる水分と油分のほか，二酸化炭素と一酸化炭素を除去する．

解説 空気清浄装置は，**臭気や水分，油分を取り除く**ため，空気槽と送気ホースの間に取り付けられています．空気清浄装置の清浄材には，フェルトや活性炭が使用されており，**フェルトを使用した空気清浄装置は，二酸化炭素や一酸化炭素は除去できません**．

【答】（5）

Check!
フェルト ➡ 不織布であり，ガスの除去機能はない

応用問題 3 送気ホースおよび送気用配管に関し，次のうち誤っているものはどれか.

(1) 全面マスク式潜水では，通常，呼び径が 13 mm の送気ホースが，また，ヘルメット式潜水では呼び径が 8 mm のものが使われている.

(2) 送気ホースには，比重により沈用，半浮用，浮用の 3 種類のホースがあり，作業内容によって使い分けられる.

(3) コンプレッサと空気槽の接続には金属管の銅パイプまたはフレキシブルパイプが使用されている.

(4) 送気ホースは，始業前にホースの最先端を閉じ，最大使用圧力以上の圧力をかけて，耐圧性と空気漏れの有無を点検，確認する.

(5) 送気ホースは，始業前に継手部分の緩みや空気漏れが発生していないか点検，確認する.

解 説 送気ホースの内径は，**ヘルメット式で 12.7 mm（呼び径 13 mm），フーカー式および全面マスク式で 7.9 mm（呼び径 8 mm）**です.

【答】（1）

 Check!

全面マスク式の送気ホース ➡ 呼び径は 8 mm

I 章

潜水業務に必要な送気の方法

97

■次の文は，**正しい(○)？** それとも**間違い(×)？**

(1) コンプレッサの空気取入れ口は，作業に伴う破損などを避けるため機関室の内部に設置する．

(2) コンプレッサの機能・性能を保持するためには，原動機とコンプレッサとの伝達部分をはじめ，冷却装置，圧縮部，潤滑油部などについて保守・点検が必要である．

(3) 潜水前には，予備空気槽の圧力がその日の最高潜水深度の圧力の 1.5 倍以上となっていることを確認する．

(4) 予備空気槽は，コンプレッサの故障などの事故が発生した場合に備えて，必要な空気をあらかじめ蓄えておくための設備である．

(5) 流量計の定期点検は，本体の傷・破損などの有無，目盛り板の油などによる汚染の有無，作動状況について行う．

解答・解説

(1) ×⇒コンプレッサの空気取入れ口は，**機関室外**に設置します．

(2) ○⇒コンプレッサの機能や性能の保持のため，保守・点検が必要です．

(3) ○⇒空気槽は，空気圧縮機と空気清浄装置との間に施設するのが基本です．2人用空気槽は左右対称で，潜水者ごとに調節用空気槽と予備空気槽を備えます．予備空気槽には，**その日の最高潜水深度の圧力の 1.5 倍以上の圧力となるまで空気を充填**しておかなければなりません．

(4) ○⇒予備空気槽は，圧縮空気の備蓄機能を持っています．

(5) ○⇒ 空気清浄装置 → 流量計 → 送気ホース の順で取り付けられており，流量計の定期点検の内容は設問のとおりです．

I-3. 混合ガスの送気

学習ガイド 大深度での長時間潜水には，混合ガス潜水が実施されるが，その送気系統について概要を学習します．

ポイント

◎ スクーバ式での混合ガスの送気

　高圧ボンベを用いたリブリーザ（閉鎖回路型潜水器）を使用して，呼吸ガスの酸素分圧が最適になるように，潜水深度の変化に応じて呼吸ガスの成分比が調整されます．

> 呼気→呼吸循環回路で炭酸ガス（二酸化炭素）を除去→必要に応じ酸素や混合ガスの添加や希釈のため空気や混合ガスを加える→潜水者に給気→呼気

◎ 送気式潜水式での混合ガスの送気

① **潜水業務現場で必要な混合ガスを製造・供給する場合**：高圧ボンベに充填した原料ガス（酸素）と希釈ガス（ヘリウム，窒素）を混合装置で混合ガスとして潜水者に送気します．計画した混合比となっているか，誤差範囲内となっているかはガス分析器などにより確認しなければなりません．

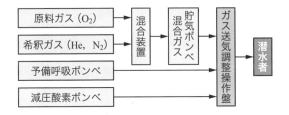

② **ガスカードルによる混合ガスを使用する場合**：ガスコントロールパネル（ガス送気調整操作盤）などを用いて，潜水深度・潜水呼吸器に見合った圧力まで減圧します．

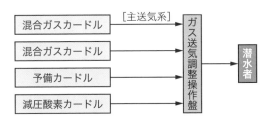

I 章

潜水業務に必要な送気の方法

99

基本問題 送気式潜水式での混合ガスの送気について，次のうち誤っているものはどれか．

(1) 高圧ボンベに充填した原料ガス（酸素）と希釈ガス（ヘリウム，窒素）を混合装置で混合ガスとして潜水者に送気する場合，計画した混合比となっているか，誤差範囲内となっているかはガス分析器などにより確認する必要がある．

(2) ガスカードルによる混合ガスを使用する場合，ガスコントロールパネル（ガス送気調整操作盤）などを用いて，潜水深度・潜水呼吸器に見合った圧力まで減圧する．

(3) 混合ガス量は，計画のおおむね 1.3〜1.5 倍程度のものを準備しておくようにする．

(4) ガスカードルによる混合ガスを使用する場合，送気配管系統は 1 系統とすることが望ましい．

(5) ガスカードルによる混合ガスを使用する場合，ガスコントロールパネルには，供給元圧力計，送気圧力計の二つの圧力計と潜水者に供給圧力調整を可能とするための二次圧力調整器の設置が必要である．

解説 潜水業務中にガス送気調整操作盤に故障などが生じると，致命的な事故になる可能性が高いことから，送気配管系統は主・副の 2 系統として，それぞれ 1 個以上の圧力調整器を設けるようにします．

【答】(4)

▼ ガスカードル

Check!

送気配管系統 ➡ 主・副の 2 系統化

2 章 ○ 潜降および浮上の方法

2-1. 潜降の方法

学習ガイド

送気式潜水とスクーバ式潜水での潜降の手順と留意事項について学習します.

ポイント

💠 送気式潜水での潜降手順

潜降手順	留意事項
① 連絡員は, 潜水者に潜水準備 OK の合図を示す.	事前に潜水者の装備を点検しておく.
② 潜水者は, 潜水はしごを用い水中に入る.	**頭部まで水中に入った時点で, 潜水機器に異常のないことを確認する**.
③ 潜降索につかまり徐々に潜行する.	**潜降速度は, 1 分間に約 10 m 程度**とする.
④ 潜水中耳痛を感じたら, 潜降索につかまりいったん停止して耳抜きをする.	<耳抜きの方法> ・唾を飲み込む. ・左右に顎を動かす. ・マスクの鼻をつまむ.
⑤ 潜水者と連絡員間で, 要求・指示の連絡, 安否応答を水中電話, 信号索, 送気ホースを用い, 相互確認する.	・連絡には信号索と送気ホースを**モールス信号的**に引き合う （**返信信号が異なるときは相互確認できるまで繰り返す**）. ・信号を確実に伝えるため, 手の上下運動は大きく行う. ・発信者からの信号を受けた受信者は, 必ず発信者に対し**同じ信号を返信**する.

💠 スクーバ式潜水での潜降手順

潜降手順	留意事項
①-1：岸から海に入る場合 肩の高さまで歩き, そこから水平姿勢で潜降を始める.	ドライスーツを着ている場合には, 肩の高さまで歩いたところでスーツ内の余分な空気の排出をする.
①-2：船から海に入る場合 舷側の潜水はしごを使用する.	飛び込む場合には, 片手でマスクを押さえてマスクがずれないようにする.
② 口にくわえたレギュレータのマウスピースに息を吹き込み, セカンドステージの低圧室とマウスピース内の水を押し出してから呼吸を開始する.	BC（浮力調整具）装着の場合には, インフレータを左手で肩より上に上げ, 排気ボタンを押すと BC の空気が抜けて浮力を失い潜降を始める.
③ **潜水中耳痛**を感じたら, いったん停止して**耳抜き**をする.	<耳抜きの方法> ・唾を飲み込む. ・左右に顎を動かす. ・マスクをしっかりと顔面に押し付け鼻から呼気をしっかりと吐き出す.

基本問題 スクーバ式潜水における潜降の方法などに関し，次のうち誤っているものはどれか.

(1) 船の舷から水面までの高さが 1～1.5 m 程度であれば，片手でマスクを押さえ，足を先にして水中に飛び込んでも支障はない.

(2) ドライスーツを装着して，岸から海に入る場合には，少なくとも肩の高さまで歩いて行き，そこでスーツ内の余分な空気を排出する.

(3) 浮力調整具（BC）を装着している場合，インフレータを左手で肩より上に上げて，排気ボタンを押すと潜降が始まる.

(4) 潜水中の遊泳は，両腕を伸ばして体側につけ，足を静かに上下にあおるようにする.

(5) マスクの中に水が入ってきたときは，深く息を吸い込んでマスクの下端を顔に押し付け，鼻から強く息を吹き出してマスクの上端から水を排出する.

解 説 (1) 船の舷から水面までの高さが **1.5 m を超える**ときは，打撲を避けるため，**はしごを使用**するようにします.

(3) 浮力調整具（BC）を装着している場合，インフレータを左手で肩より上に上げ排気ボタンを押すと潜降が始まります．吸気時はインフレータを下に向けて握り脇腹につけると排気ボタンは押しにくくなり誤操作を防止できます.

▼ 潜降方法

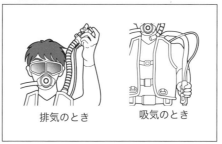

排気のとき　　　　吸気のとき

(5) マスクの中に水が入ってきたとき，水は重力で下端に溜まります．したがって，深く息を吸い込んで**マスクの上端を顔に押し付け**，鼻から強く息を吹き出して**マスクの下端から水を排出**します． 【答】(5)

Check!
☑ **マスク内に水が入る** ➡ **マスク下端から水を排出**

> **応用問題 1** スクーバ式潜水における潜降の方法などに関し，次のうち誤っ
> ているものはどれか.
> (1) 船の舷から水面までの高さが 1.5 m を超えるときは，船の甲板などから足を
>   先にして水中に飛び込むことはしない.
> (2) 潜降の際は，口にくわえたレギュレータのマウスピースに空気を吹き込み，
>   セカンドステージの低圧室とマウスピース内の水を押し出してから，呼吸を開
>   始する.
> (3) 潜降時，耳に圧迫感を感じたときは，2〜3 秒その水深に止まって耳抜きを
>   する.
> (4) 体調不良などで耳抜きがうまくできないときは，耳栓を使用して耳を保護
>   し，潜水する.
> (5) 潜水中の遊泳は，一般に両腕を伸ばして体側につけて行うが，視界のきかな
>   いときは腕を前方に伸ばして遊泳する.

解　説　(2) 潜降の際は，口にくわえたレギュレータのマウスピースに空気
を吹き込み，セカンドステージの低圧室とマウスピース内の水を押し出してか
ら，呼吸を開始します.

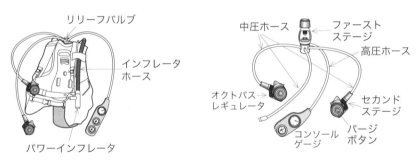

　レギュレータは，ボンベの高圧空気（15〜20 MPa）を中圧（1.0 MPa 前後）に
減圧する第 1 段減圧部（ファーストステージ）と，中圧から潜水深度の圧力まで
減圧する第 2 段減圧部（セカンドステージ）とで構成されています.

　ファーストステージはボンベにセットされ，**セカンドステージ**には呼吸のため
のマウスピースが取り付けられています.

　オクトパスレギュレータは，セカンドステージの不調や他の潜水者にエア切れ
やレギュレータ不調などがあったとき，バックアップ空気供給源となります.

　(4) 体調不良などで耳抜きがうまくできないときは，無理をせず潜水の中止を
検討するようにします.　　　　　　　　　　　　　　　　　　【答】(4)

応用問題2　スクーバ式潜水における浮力調整具の操作などに関する次の文中の□□□内に入れるAからCの語句の組合せとして，正しいものは（1）〜（5）のうちどれか．

「潜降にあたっては，まず，レギュレータのマウスピースに空気を吹き込み，セカンドステージの低圧室と　A　内の水を押し出してから呼吸を開始する．浮力調整具を装着している場合，　B　を左手で肩より上に上げて　C　を慎重に押して潜降を始める．」

	A	B	C
(1)	マスク	アタッチメント	給気ボタン
(2)	マウスピース	インフレータ	排気ボタン
(3)	オクトパス	インフレータ	パージボタン
(4)	マスク	中圧ホース	排気ボタン
(5)	マウスピース	中圧ホース	給気ボタン

解　説　問題の文章を完成させると次のようになります．

「潜降にあたっては，まず，レギュレータのマウスピースに空気を吹き込み，セカンドステージの低圧室と マウスピース 内の水を押し出してから呼吸を開始する．浮力調整具を装着している場合， インフレータ を左手で肩より上に上げて 排気ボタン を慎重に押して潜降を始める．」　　　　　【答】（2）

マスク
レギュレータ
BC
グローブ
ウエイト
ウェットスーツ
フード
マスク
レギュレータ
タンク
BC
インフレータ
オクトパス
ダイブコンピュータ
コンソールゲージ
オクトパス
グローブ
ウェットスーツ
コンソールゲージ
ブーツ
フィン

応用問題3 送気式潜水における潜降の方法に関し，次のうち誤っているものはどれか．

(1) 潜降を始めるときは，潜水はしごを利用して，頭部まで水中に没して潜水器の状態を確認する．

(2) 潜降索により潜降するときは，潜降索を両足の間に挟み，片手で潜降索を掴（つか）むようにして徐々に潜降する．

(3) 熟練者が潜降するときは，潜降索を用いず排気弁の調節のみで潜降してよいが，潜降速度は毎分 10 m 程度で行うようにする．

(4) 潮流がある場合には，潮流によって潜降索から引き離されないように，潮流の方向に背を向けるようにすると良い．

(5) 潮流や波浪によって送気ホースに突発的な力が加わることがあるので，潜降中は，送気ホースを腕に 1 回転だけ巻き付けておき，突発的な力が直接潜水器に及ばないようにする．

解 説 熟練者であっても，**必ず潜降索（さがり綱）を用い，潜降速度は毎分10 m 程度**で行うようにします．

【答】(3)

▼ 潜降時の原則

1 分間に 10 m 程度の速度

潜降

2章

潜降および浮上の方法

Check!

潜降時の基本 → 経験にかかわらず潜降索を使用

2-2. 浮上の方法

送気式潜水とスクーバ式潜水での浮上の手順と留意事項について学習します.

2編

送気，潜降および浮上

ポイント

◎ 送気式潜水での浮上手順

浮上手順	留意事項
① 浮上の連絡を交わす.	相互確認する.
② 潜水者は，潜降索の下に戻る.	・送気ホースや信号索が岩などの障害物に引っ掛からないように注意する. ・同時に連絡員も送気ホースや信号索をたぐる.
③ 潜降索に移った時点で，再度信号を交わし，徐々に浮上する.	**浮上速度は1分間に10 m以内とする**.
④ 潜水者が浮力調節により浮上できないときには，潜降索をたぐって浮上する.	・連絡員は潜降索を引き上げ，潜水者の浮上を補助する. ・**浮上速度は1分間に10 m以内**とする.
⑤ 所定の水深で，一定時間浮上を停止する.	・減圧症予防のために，浮上停止する. **（無停止減圧の範囲内の潜水の場合でも水深3 m前後で5分ほど浮上停止する.）**
⑥ 手順⑤を繰り返す.	

◎ スクーバ式潜水での浮上手順

浮上手順	留意事項
① 落ち着いて浮上する.	BC（浮力調整具）装着の場合には，インフレータを左手で肩より上に上げ，いつでも排気ボタンを押せる状態にして顔を上に向け，**体を360度回転させながら浮上**する. **排気ボタンを押すと潜降が始まるので注意が必要**.
② 浮上速度を守る.	・**浮上速度は毎分10 m以内**とする. **段階浮上法では，一定の水深ごとに刻まれた各段階で，減圧症予防のため所定時間浮上停止を行い，各段階の間は毎分10 m以内の速度で浮上する.** ・**自分の排気した気泡を追い越さない**.
③ 透明度の悪い水中では障害物を避ける.	・**腕を頭の上に伸ばし体側につけて浮上する**. ・視界の悪いときは，**マスク内の空気が膨張して縁から出るときは浮上している**と判断する. 逆に，マスクが顔に押し付けられるときは沈んでいると判断する.
④ 救命胴衣を使用する場合は自力で浮上し，**救命具は水面近くで使用**する.	・救命胴衣では浮上速度の調整ができない.

基本問題 ヘルメット式潜水における浮上の方法（緊急時措置を含む）に関し，次のうち誤っているものはどれか．

(1) 潜水作業者は連絡員と浮上の連絡を交わしたら，潜降索のところへ戻り，排気弁などで浮力調節をしながら徐々に浮上する．

(2) 浮上にあたっては静かに水底を離れた後，徐々に浮上速度を速め，水面に近づくにつれて毎分 10 m を超えない範囲で速度を大きくする．

(3) 段階浮上法では，水深 3 m ごとに刻まれた各段階で，減圧症予防のため所定時間，浮上停止を行う．

(4) 緊急浮上を要する場合は，所定の浮上停止時間を短縮し水面まで浮上する．

(5) 緊急浮上後は，潜水作業者をできるだけ早く再圧室に入れ，その潜水業務における最高の水深に相当する圧力まで加圧する．

解説 浮上にあたっては静かに水底を離れた後，徐々に浮上速度を速め，

1分間に 10 m 以内の速度で浮上します．浮上速度は遅すぎてもいけません．むやみに遅くすると，体内からの窒素ガス排出を遅らせ，逆に余分に窒素を体内に溶け込ませる場合があるからです．

水面に近づくにつれ，**水深約 3 m 程度**からは肺破裂などの障害を防ぐため，**浮上速度をやや遅め**にします．

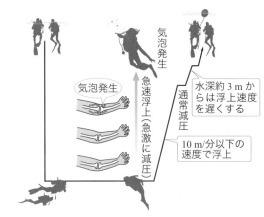

【答】(2)

Check!

 浮上 → 水面近くでは肺破裂しないよう低速度

 応用問題1 ヘルメット式潜水における浮上の方法（緊急時措置を含む）に関し，次のうち誤っているものはどれか．

(1) 潜水作業者は連絡員と浮上の連絡を交わしたら，潜降索の下に戻り，排気弁などで浮力調節をしながら，徐々に浮上する．

2章

潜降および浮上の方法

(2) 潜水作業者が浮力調節で浮上できず，潜降索をたぐって浮上するときは，連絡員が潜降索を引き上げ，浮上を補助する．
(3) 段階式浮上法では，水深 3 m ごとの各段階で，減圧症予防のため所定時間，浮上停止を行う．
(4) 無停止減圧の範囲内の潜水でも安全のためセーフティストップを水深 10 m の位置で行う．
(5) 緊急浮上を要する場合は，所定の浮上停止時間を短縮して水面まで浮上し，できるだけ速やかに再圧室に入って再加圧を受ける．

解説　無停止減圧の範囲内の潜水であっても，安全のためセーフティストップを水深 3 m 前後で，5 分間程度行います．これらの水深で所定時間停止することは**減圧症防止**に極めて効果的です．　　　　　【答】(4)

Check!
セーフティストップ ➡ 水深 3 m 前後で，5 分間程度

応用問題 2　ヘルメット式潜水における浮上の方法（緊急時措置を含む）に関し，次のうち誤っているものはどれか．
(1) 潜水作業者は浮上の連絡を交わしたら，潜降索のところへ戻り，緊急浮上以外の場合は，毎分 10 m を超えない速度で浮上し，減圧症予防のため必要な場合は所定の水深で所定時間浮上停止を行う．
(2) 無停止減圧の範囲内の潜水の場合でも，水深 3 m 前後で，5 分間程度安全のため浮上停止（セーフティストップ）を行うようにする．
(3) 潜水作業者が浮力調節で浮上できず，潜降索をたぐって浮上するときは，連絡員が索を引き上げ，浮上を補助する．
(4) 緊急浮上を要する場合は，所定の浮上停止を省略し，または所定の浮上停止時間を短縮し水面まで浮上する．
(5) 緊急浮上後は，潜水作業者をできるだけ速やかに再圧室に入れ，その業務における第 1 回の浮上停止の水深に相当する圧力まで加圧する．

解説　緊急浮上後は，潜水作業者を速やかに再圧室に入れ，当該**潜水業務の最高の水深における圧力に等しい圧力まで加圧**します．

【答】(5)

Check!
緊急浮上 ➡ 潜水業務の最高の水深相当の圧力で加圧

応用問題 3 　スクーバ式潜水における浮上の方法に関し，次のうち誤っているものはどれか．

(1) BCを装着したスクーバ式潜水で浮上する場合，インフレータを肩より上に上げ，いつでも排気ボタンを押せる状態で周囲を確認しながら，浮上する．

(2) 水深が浅い場合は，救命胴衣によって速度を調節しながら浮上するようにする．

(3) 浮上開始の予定時間になったとき，または残圧計の針が警戒領域に入ったときは，浮上を開始する．

(4) 浮上速度の目安として，自分が排気した気泡を見ながら，その気泡を追い越さないような速度で浮上する．

(5) バディブリージングは緊急避難の手段であり，多くの危険が伴うので，万一の場合に備えて日頃から訓練を行い，完全に技術を習得しておくようにする．

解　説　救命胴衣を使用する場合は自力で浮上し，**救命具は水面近くで使用**するようにします．なお，救命胴衣は浮力の調整機能がないため，浮上速度の調整ができません．

【答】(2)

Check!
☑　救命胴衣 ➡ 浮上速度の調整能力なし

2章

潜降および浮上の方法

■次の文は，**正しい(○)？**　それとも**間違い(×)？**

(1) 緊急浮上を要する場合は，所定の浮上停止を省略し，または所定の浮上停止時間を短縮して水面まで浮上し，できるだけ速やかに再圧室に入って加圧を受ける．

(2) スクーバ式潜水では，浮上開始の予定時間になったとき，または残圧計の針が警戒領域に入ったときは，浮上を開始する．

解答・解説

(1) ○⇒緊急浮上事態が発生したときには，所定の浮上停止を省略してもやむを得ません．

(2) ○⇒リザーブバルブ付き空気ボンベの使用時にいったん空気が止まったときは，リザーブバルブを引いて給気を再開し，浮上を開始します．

2-3. 減圧理論での用語

減圧表の作成のもととなる減圧理論は灌流モデルで，減圧理論では特殊な用語が使用されるので，その意味合いを知っておかなければなりません．

ポイント

◎ 減圧症と減圧

窒素などの不活性ガスは，肺を通して時間の経過とともに，指数関数的に血流を介して体内に取り込まれ，また排出されていきます．これらのガスは減圧症の原因となることから，体をガスの移動の速さに応じていくつかの組織に分類し，組織ごとに取り込まれている不活性ガスの圧力（分圧）を算出します．減圧時には，減圧症に罹患しない上限の分圧以内に収まるようにしなければなりません．

◎ 減圧理論での用語

減圧理論で登場する代表的な用語は，下表のとおりです．

用 語	説 明
① **不活性ガス分圧**	生体に溶け込んでいるガスの量を圧力で表したものである． ［例］窒素：ヘリウム：酸素 = 50％：30％：20％ の気体が3気圧の場合，窒素の分圧は 3×0.5 = 1.5 気圧となる．
② **半飽和組織**	・半飽和組織は減圧計算に用いられる**理論上の概念として考える組織**で，特定の個々の組織を示すものではない． ・加圧前の圧力から加圧後の飽和圧力の中間の圧力を**半飽和圧力**といい，加圧前の圧力から半飽和圧力まで指数関数に従って生体に不活性ガスが取り込まれる時間を**半飽和時間**という． ・高圧則（高気圧作業安全衛生規則）では，生体において，半飽和時間が空気の場合で 5〜635 分まで，ヘリウムの場合で 1.887〜239.623 分までの **16 の半飽和組織**を想定している．
③ M 値 $\textbf{\textit{M}}$	・浮上時に，体内の不活性ガスの分圧が，その深度の飽和圧力より大きくなる（過飽和）ことがあるが，**過飽和でも，ある圧力以内では減圧症に罹患しない**．この減圧症に罹患しない最大の不活性ガスの分圧が M 値である． ・**潜水者は M 値の範囲内で潜水**しなければならない．
④ **等価深度**	・窒素酸素混合ガス潜水（ナイトロックス潜水）の場合，窒素と酸素の割合を変えているので，潜水深度における不活性ガスの分圧は，その深度の空気潜水の場合とは異なる．そのときの窒素分圧が，空気潜水の場合のどの深度に相当するかを示した深度である． ・この等価深度を用いると，ナイトロックス潜水の場合でも空気潜水用の減圧表を使用することができる．

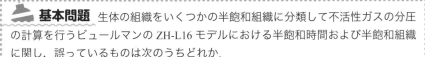

基本問題 生体の組織をいくつかの半飽和組織に分類して不活性ガスの分圧の計算を行うビュールマンの ZH-L16 モデルにおける半飽和時間および半飽和組織に関し，誤っているものは次のうちどれか．

(1) 半飽和時間とは，ある組織に不活性ガスが半飽和するまでにかかる時間のことである．

(2) 生体の組織を，半飽和時間の違いにより 16 の半飽和組織に分類し，不活性ガスの分圧を計算する．

(3) 半飽和組織は，理論上の概念として考える組織（生体の構成要素）であり，特定の個々の組織を示すものではない．

(4) 不活性ガスの半飽和時間が短い組織は血流が豊富であり，不活性ガスの半飽和時間が長い組織は血流が乏しい．

(5) すべての半飽和組織の半飽和時間は，ヘリウムより窒素の方が短い．

解 説 半飽和時間は，窒素よりヘリウムの方が短いです．つまり，ヘリウムは体内に溶けやすく排出されやすい性質があるので，減圧症になりにくいです．

【答】(5)

Check!
☑ 半飽和時間：窒素よりヘリウムのほうが短い

応用問題 生体の組織をいくつかの半飽和組織に分類して不活性ガスの分圧の計算を行うビュールマンの ZH-L16 モデルにおける半飽和時間および半飽和組織に関し，次のうち誤っているものはどれか．

(1) 環境における不活性ガスの圧力が加圧された場合に，加圧後の飽和圧力の中間の圧力まで不活性ガスが生体内に取り込まれる時間を半飽和時間という．

(2) 生体の組織を，半飽和時間の違いにより 16 の半飽和組織に分類し，不活性ガスの分圧を計算する．

(3) 半飽和組織は，理論上の概念として考える組織（生体の構成要素）であり，特定の個々の組織を示すものではない．

(4) 不活性ガスの半飽和時間が短い組織は血流が乏しく，半飽和時間が長い組織は血流が豊富である．

(5) すべての半飽和組織の半飽和時間は，窒素よりヘリウムの方が短い．

解 説 不活性ガスの半飽和時間が短い組織は血流が豊富であり，不活性ガスの半飽和時間が長い組織は血流が乏しい．

【答】(4)

Check!
☑ 不活性ガスの半飽和時間が短い組織 → 血流が豊富

2章

潜降および浮上の方法

2-4. 減圧理論

学習ガイド

潜水業務における浮上方法の決定には，減圧理論が必要となります．減圧理論には，ビュールマン教授が提唱した ZH-L16 モデルが用いられ，灌流モデルの 1 つです．ここでは，減圧理論の考え方を中心に学習しておきましょう．

2編

送気，潜降および浮上

ポイント

◎ ZH-L16 モデルによる減圧理論

　ZH-L16 モデルでは，生体の組織を下表のように窒素とヘリウムの半飽和時間のちがいにより 16 の組織に分類して，不活性ガスの分圧を計算します．

▼ 半飽和組織と関連数値（16 分類）

半飽和組織	窒素半飽和時間（分）	窒素 a 値	窒素 b 値	ヘリウム半飽和時間（分）	ヘリウム a 値	ヘリウム b 値
第 1 半飽和組織	5.0	126.885	0.5578	1.887	174.247	0.4770
第 2 半飽和組織	8.0	109.185	0.6514	3.019	147.866	0.5747
第 3 半飽和組織	12.5	94.381	0.7222	4.717	127.477	0.6527
第 4 半飽和組織	18.5	82.446	0.7825	6.981	112.400	0.7223
第 5 半飽和組織	27.0	73.918	0.8126	10.189	99.588	0.7582
第 6 半飽和組織	38.3	63.153	0.8434	14.453	89.446	0.7957
第 7 半飽和組織	54.3	56.483	0.8693	20.491	80.059	0.8279
第 8 半飽和組織	77.0	51.133	0.8910	29.057	71.709	0.8553
第 9 半飽和組織	109.0	48.246	0.9092	41.132	66.285	0.8757
第 10 半飽和組織	146.0	43.709	0.9222	55.094	62.049	0.8903
第 11 半飽和組織	187.0	40.774	0.9319	70.566	59.152	0.8997
第 12 半飽和組織	239.0	38.68	0.9403	90.189	58.029	0.9073
第 13 半飽和組織	305.0	34.463	0.9477	115.094	57.586	0.9122
第 14 半飽和組織	390.0	33.161	0.9544	147.170	58.143	0.9171
第 15 半飽和組織	498.0	30.765	0.9602	187.925	57.652	0.9217
第 16 半飽和組織	635.0	29.284	0.9653	239.623	57.208	0.9267

 注意 窒素 a 値，窒素 b 値，ヘリウム a 値，ヘリウム b 値は M 値の計算に必要となります．

◎ M値と潜水

M値は，**人体に溶け込む窒素の分圧とヘリウムの分圧の合計が人体の許容できる最大の不活性ガスの分圧**です．このように，M値を決めている背景には，呼吸ガスとして混合ガスも使用可能となり，混合ガス潜水を行う場合も想定されることがあげられます．

M値と潜水については，次のことに注意しておかなければなりません．

① 減圧時の注意：**混合ガス潜水**では，窒素とヘリウムのそれぞれの分圧を求め，M値も窒素とヘリウムの合成値を導き出し，不活性ガス分圧の合計値がこの**M値を超えないようにして減圧**します．

② 繰返し潜水での注意：**繰返し潜水**では，前回の潜水による不活性ガス分圧の残存圧を算定し，その残存圧を初期値としてそこから新たに不活性ガスの取込みを計算します．

方 法	説 明
単回潜水	前回の潜水での浮上完了から**次回の潜降開始までの経過時間が 14 時間超過している場合**がこれに該当します．単回潜水では，前回の潜水による体内残留不活性ガスが無視できる程度に減少した後に潜水することになります．
繰返し潜水	前回の潜水での浮上完了から**次回の潜降開始までの経過時間が 14 時間以下の場合**がこれに該当します．すなわち，繰返し潜水では，前回の潜水による体内残留不活性ガスの影響を，次回の潜水に配慮しなければなりません．

③ 酸素呼吸の場合：酸素が存在しているので，不活性ガスの割合が減少するため，減少した不活性ガスに基づいて不活性ガス分圧を求めます．

④ M値と深度：M値は，潜水者の現在の潜水深度に比例して大きくなり，半飽和時間が長い組織ほど小さくなります．

⑤ 減圧表とM値：潜水者の不活性ガス分圧が，すべての深度におけるすべての半飽和組織のM値を超えないような減圧スケジュールを求めることによって作成することができます．

2章

潜降および浮上の方法

◎ 階段式浮上法での浮上スケジュール

潜水後，右図のように海底から順次，**階段状に減圧して海上まで浮上する場合**についての浮上スケジュールの検討は，次のステップで行います．浮上スケジュールは，減圧スケジュール（減圧表）を作成することによって作成することができます．

減圧表は，減圧症に罹患する頻度を一定以下にするために設けられた減圧スケジュールで，潜水深度と時間の組合せで示されます．

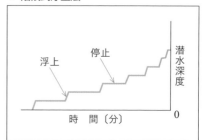

▼ 階段式浮上法

［**Step 1**］　浮上開始直前に組織に取り込まれている不活性ガスの分圧をそれぞれの半飽和時間組織ごとに求める．

> 分圧計算の数式に海底の圧力と海底に滞在した時間を代入して，**浮上開始直前のそれぞれの組織内の不活性ガス分圧を算出**する．

［**Step 2**］　不活性ガスの分圧がすべての半飽和時間組織において M 値を超えない最も浅い深度を，M 値と深度の関係を表す数式から求め，この**第 1 減圧停止深度まで浮上**する．

［**Step 3**］　第 1 減圧停止深度よりもう 1 段浅い**第 2 減圧停止深度**まで上昇するまでに，第 1 減圧停止深度にどれだけの時間留まらなければならないかを決める．

> 不活性ガスの分圧が第 2 減圧停止深度の M 値以下に収まっていることが必要で，数式から第 1 減圧停止深度で留まるべき時間を算出する．

［**Step 4**］　第 2 減圧停止深度よりもう 1 段浅い**第 3 減圧停止深度**まで上昇するまでに，第 2 減圧停止深度にどれだけの時間留まらなければならないかを決める．

> 不活性ガスの分圧が第 3 減圧停止深度の M 値以下に収まっていることが必要で，数式から第 2 減圧停止深度で留まるべき時間を算出する．

［**Step 5**］　［Step 4］と同様の繰返し計算を実施する．

> **繰返し計算によって海面までの浮上スケジュールを作成できる！**

YES!

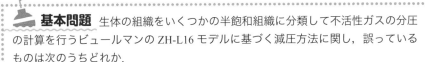

基本問題 生体の組織をいくつかの半飽和組織に分類して不活性ガスの分圧の計算を行うビュールマンの ZH-L16 モデルに基づく減圧方法に関し，誤っているものは次のうちどれか．

(1) 減圧計算において，半飽和組織のうち一つでも不活性ガス分圧が M 値を上回ったら，より深い深度で一定時間浮上停止するものとして再計算を行う．

(2) 混合ガス潜水の場合は，窒素およびヘリウムについて，それぞれのガス分圧および M 値を求める．

(3) 安全率を考慮し，1.1 倍安全な減圧を行う場合の換算 M 値は，換算 M 値＝（M 値 /1.1）により求める．

(4) 水面に浮上した後，更に繰り返して潜水を行う場合は，水上においても大気圧下での不活性ガス分圧の計算を継続する．

(5) 繰り返し潜水業務を行う場合は，潜水（滞底）時間を実際の倍にして計算するなど慎重な対応が必要である．

解 説 混合ガス潜水の場合は，窒素とヘリウムのそれぞれの分圧を求め，M 値も窒素とヘリウムの合成値を導き出し，不活性ガス分圧の合計値がこの M 値を超えないようにして減圧します． 【答】(2)

Check!
混合ガス潜水の M 値 → 合成値を計算

2章

潜降および浮上の方法

応用問題 生体の組織をいくつかの半飽和組織に分類して不活性ガスの分圧の計算を行うビュールマンの ZH-L16 モデルにおける M 値および不活性ガス分圧の計算に関し，誤っているものは次のうちどれか．

(1) M 値とは，ある環境圧力に対して身体が許容できる最大の体内不活性ガス分圧をいう．

(2) M 値は，半飽和時間が長い組織ほど小さく，潜水者が潜っている深度が深くなるほど大きい．

(3) 半飽和組織は，理論上の概念として考える組織（生体の構成要素）であり，特定の個々の組織を示すものではない．

(4) 減圧計算において，ある浮上停止深度で，不活性ガス分圧が M 値を上回るときは，直前の浮上停止深度での浮上停止時間を増加させて，不活性ガス分圧が M 値より小さくなるようにする．

(5) 繰り返し潜水において，作業終了後，次の作業まで水上で休息する時間を十分に設けなかった場合には，次の作業における減圧時間がより短くなる．

解 説 繰り返し潜水において，作業終了後，次の作業まで水上で休息する時間を十分に設けなかった場合には，次の作業における減圧時間がより長くなります．

参 考 1 半飽和組織：半飽和組織とは，高圧に暴露された体内の組織に溶け込んだ不活性ガスの分圧が半飽和圧力になるまでに要する時間に応じて，体内の組織を16分割した各区分に相当するものです．

参 考 2 窒素の蓄積状態

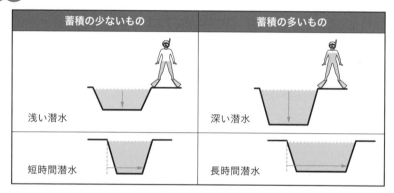

【答】（5）

Check!
☑ 水上での休息時間が短い ➡ 次の作業の減圧時間が長くなる

2-5. 酸素ばく露量の計算式

酸素減圧を利用するときなどは，肺酸素中毒を起こさないようにする必要があり，そのためには酸素ばく露量を計算しなければなりません．

ポイント

◎ 酸素ばく露量の計算式

50 kPa を超える酸素分圧にばく露されると，肺酸素中毒の影響が出てくることから，**UPTD**（肺酸素毒性量単位）と **CPTD**（累積肺酸素毒性量単位）について，それぞれ **1 日当たり**，**1 週間当たり**の制約を受けることになります．

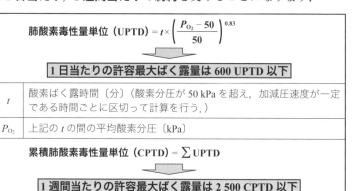

	肺酸素毒性量単位（UPTD） $= t \times \left(\dfrac{P_{O_2} - 50}{50} \right)^{0.83}$
	1 日当たりの許容最大ばく露量は 600 UPTD 以下
t	酸素ばく露時間〔分〕（酸素分圧が 50 kPa を超え，加減圧速度が一定である時間ごとに区切って計算を行う．）
P_{O_2}	上記の t の間の平均酸素分圧〔kPa〕
	累積肺酸素毒性量単位（CPTD） $= \sum \text{UPTD}$
	1 週間当たりの許容最大ばく露量は 2 500 CPTD 以下

2 章

潜降および浮上の方法

基本問題 酸素ばく露量に関する次の記述のうち，誤っているのはどれか．
(1) 50 kPa を超える酸素分圧に暴露されると，酸素中毒の影響が出てくる．
(2) CPTD は肺酸素毒性量単位で，UPTD は累積肺酸素毒性量単位である．
(3) UPTD の計算式中の t は酸素ばく露時間〔分〕である．
(4) 1 日当たりの許容最大ばく露量は 600 UPTD 以下としなければならない．
(5) 1 週間当たりの許容最大ばく露量は 2500 CPTD 以下としなければならない．

解　説 UPTD は肺酸素毒性量単位で，CPTD は累積肺酸素毒性量単位である．

【答】(2)

Check!

累積肺酸素毒性量単位（CPTD）$= \sum$ UPTD

応用問題 潜水作業における酸素分圧, 肺酸素毒性量単位 (UPTD) および累積肺酸素毒性量単位 (CPTD) に関し, 誤っているものは (1) 〜 (5) のうちどれか. なお, UPTD は, 所定の加減圧区間ごとに次の式により算出される酸素毒性の量である.

$$\text{UPTD} = t \times \left(\frac{P_{O_2} - 50}{50} \right)^{0.83}$$

t：当該区間での経過時間（分）

P_{O_2}：上記 t の間の平均酸素分圧（kPa）

（$P_{O_2} > 50$ の場合に限る.）

(1) 一般に, 50 kPa を超える酸素分圧にばく露されると, 肺酸素中毒に冒される.

(2) 1 UPTD は, 100 kPa（約 1 気圧）の酸素分圧に 1 分間ばく露されたときの毒性単位である.

(3) 1 日当たりの酸素の許容最大被ばく量は, 600 UPTD である.

(4) 1 週間当たりの酸素の許容最大被ばく量は, 2 500 CPTD である.

(5) 酸素分圧は, 原則として, 180 kPa 以上となるようにする.

解 説 酸素分圧は, 18 kPa 以上で 160 kPa 以下としなければなりません.

参 考 連日作業する場合は, 1 日当たりの酸素ばく露量が平均化されるようにしなければなりません.

【答】(5)

Check!

☑ 酸素分圧 ➡ 18 kPa 以上で 160 kPa 以下

③ 章 潜水器の点検および 修理のしかた

3-1. ヘルメット式潜水器の点検・修理

学習ガイド

点検には，定期点検と始業・終業点検とがあり，点検・修理結果はそのつど内容を記録し，3年間保存が必要となります．ここでは，ヘルメット式潜水器の点検内容について学習します．

ポイント

◎ ヘルメット式潜水器の点検

潜水器の設備・器具別の点検項目を整理すると下記のようになります．

設備・器具名	定期点検	始業・終業点検
空気圧縮機	〈1週間に1回以上〉 駆動ベルト，クラッチ，コンプレッサオイル，空気圧，空気取入れ口，送気ホース，継手類	**始業点検**：回転部のカバーの損傷状況
空気槽	──	**始業・終業点検**： ①圧力計，ドレンコック，逆止弁，安全弁，ストップバルブなど ②送気ホース，継手類 ③ドレンの排出
空気清浄装置	〈1か月に1回以上〉 内部の汚れ状況やフィルタの状態	──
送気ホース	──	**始業点検**：継手，腰バルブ，耐圧テスト ＊耐圧テストでは，ホース最先端を閉じ，最大使用圧力以上の圧力をかけて，耐圧性と空気漏れの有無を点検確認する．
ヘルメット	──	**始業点検**：逆止弁，排気弁，面ガラス，肩金，押え金，安全止め，蝶ねじなど，空気および電話線取入れ口
潜水服	──	**始業点検**：破損・摩耗箇所の有無（膝部，袖ゴムなど），気密試験
流量計	〈6か月に1回以上〉 本体の傷・破損の有無，目盛り板内への油などの汚染，作動状況	**始業点検**：作動状況
水深計	〈1か月に1回以上〉 本体の傷・破損の有無，作動状況，水深表示の精度	──
水中時計	〈3か月に1回以上〉 防水機構，時刻表示の精度	──
水中電話	──	**始業点検**：作動状態，感度・バッテリーなどの電源容量の確認
水中ナイフ	──	**始業点検**：刃の状態
潜降索・信号索	──	**始業点検**：強度と浮上の目印の確認

3章

潜水器の点検および修理のしかた

119

基本問題 コンプレッサの送気について，誤っているのは次のうちどれか．

(1) コンプレッサの点検は，最低でも1月に1回以上する必要がある．

(2) コンプレッサの効率は，圧力の上昇に伴い低下する．圧力が0.1 MPa上がるごとに約5%の効率低下が生じる．

(3) コンプレッサは決められた期間ごとに駆動ベルト・クラッチ・オイル・空気圧・空気取入れ口・送気ホースとその継手などの点検を行う．

(4) ストレーナ（吸入口）は清浄な外気をさらにフェルト，金網などにろ過してコンプレッサ内に吸入する装置である．

(5) 作業船の機関室に設置されたコンプレッサは，常に新鮮な空気を取り入れるためにストレーナ（吸入口）は機関室外に設置する．

解　説　コンプレッサの点検は，最低でも**1週間に1回以上**する必要があります．　　　　　　　　　　　　　　　　　　　　　　　　　　　　【答】(1)

Check!

空気圧縮機（コンプレッサ）→ 週1回以上点検

 応用問題　送気管の取扱い，点検に関する記述で，誤っているのは次のうちのどれか．

(1) 送気管（送気ホース）は，潜水前に始業点検を行う．

(2) 始業前に継手部分に緩みや空気漏れがないかを点検確認する．

(3) ヘルメット潜水では，始業前に腰バルブの破損，空気漏れがないかを点検確認する．

(4) 始業前にホースの最先端を閉じ，最大使用圧力以上の圧力をかけて耐圧性と空気漏れの有無を点検確認する．

(5) 点検で異常を発見して修理その他必要な措置を講じたときのみ，その概要を記録し，これを3年間保存しなければならない．

解　説　点検で異常を発見しなかった場合でも，記録は必要です．

【答】(5)

Check!

送気管の点検結果 → 結果の記録は3年間保存

3-2. 全面マスク式潜水器の点検・修理

ここでは，全面マスク式の点検内容について学習します．

◎ 全面マスク式潜水器の点検

潜水器の設備・器具別の点検項目を整理すると下記のようになります．

設備・器具名	定期点検	始業・終業点検
手押しポンプ	〈1週間に1回以上〉 ①圧縮状態の点検：ホースを取り付ける前に，ホース取付け部の穴を指で押さえ，操作桿を作動させて圧縮抵抗を確認する． ②吸・排気弁の整備 ③シリンダおよびピストン間の空気漏えい防止：圧縮抵抗が弱い場合には給油する．	**始業点検**：圧縮状態
流量計	〈6か月に1回以上〉	
送気ホース	――	**始業点検**：継手，耐圧テスト ＊耐圧テストでは，ホース最先端を閉じ，最大使用圧力以上の圧力をかけて，耐圧性と空気漏れの有無を点検確認する．
マスク	――	**始業点検**：面ガラスと本体の傷・破損の有無，排気弁の機能
潜水服	――	**始業点検**：破損・摩耗箇所の有無（膝部，袖ゴムなど），気密試験
水深計	〈1か月に1回以上〉 本体の傷・破損の有無，作動状況，水深表示の精度	――
水中時計	〈3か月に1回以上〉 防水機構，時刻表示の精度	――
水中電話	――	**始業点検**：作動状態，感度・バッテリーなどの電源容量の確認
水中ナイフ	――	**始業点検**：刃の状態
潜降索・信号索	――	**始業点検**：強度と浮上の目印の確認

基本問題 全面マスク式潜水器で，定期点検周期最長のものは，次のうちどれか．

（1）手押しポンプ （2）水深計 （3）流量計 （4）水中電話 （5）水中時計

解 説 定期点検の周期は，流量計が6か月に1回以上で最長． 【答】(3)

Check!

流量計の定期点 ➡ 6か月に1回以上

3-3. スクーバ式潜水器の点検・修理

ここでは，スクーバ式潜水器の点検内容について学習します．

ポイント

◎ スクーバ式潜水器の点検

潜水器の設備・器具別の点検項目を整理すると下記のようになります．

設備・器具名	定期点検	始業・終業点検
ボンベ	〈5年に1度の法定耐圧検査＋6か月に1回以上の点検〉ボンベは1年に1回以上，バルブを外してボンベの内部を点検する．	**始業点検**：充填圧力の確認（初心者の場合は熟練者の約2倍の空気消費量を考慮しておく）． **終業点検**：水洗いを行い，さび，傷，破損の有無を確認し，内部に1MPa程度の空気を残して保管する．
マスク	——	**始業点検**：面ガラス，本体の異常の有無
潜水服	——	**始業点検**：破れ，ファスナーの破損の有無 ＊ドライスーツでは給・排気弁の機能 **終業点検**：水洗いを行い，日陰で乾燥させ破損の有無を点検する．
圧力調整器（レギュレータ）	1年に1度は専門業者に点検整備を依頼する．	**始業点検**：ボンベからの送気の確認，空気漏れの有無，吸息・呼息の点検確認． **終業点検**：水洗いを行い十分乾燥し衝撃を与えないようにして保管する．
残圧計	1年に1度は専門業者に点検整備を依頼する．	**始業点検**：動作，計測の精度の点検・確認． **終業点検**：水洗いを行う．
水深計	〈1か月に1回以上〉本体の傷・破損の有無，作動状況，水深表示の精度	——
水中時計	〈3か月に1回以上〉防水機構，時刻表示の精度	——
救命胴衣またはBC（浮力調整具）	1年に1度は専門業者に点検整備を依頼する．	**始業点検**：給・排気弁の作動，空気の漏えいの有無． **終業点検**：水洗いを行い，日陰で十分乾燥させ保管する．
高圧コンプレッサ	清浄な空気の充填が可能か，正しく作動するかを確認	**始業点検**：作動油量の確認，フィルタの汚れ具合の点検，ドレーン抜き，短時間作動させ異様音や空気漏れの有無を確認． **終業点検**：コンプレッサ内に残った圧力を放出しておく．

基本問題 スクーバ式潜水器の設備についての次の記述のうち，誤っているものはどれか．

(1) ボンベには，スチールボンベとアルミボンベがあり，空気専用では半分以上をねずみ色（灰色）に塗装する．

(2) ボンベに圧力調整器を連結してバルブを開いたとき継続的にシューシューと音がするときは，低圧弁の故障と考えて直ちに調整または修理する．

(3) ボンベは使用後水洗いをし，さび・傷・破損の有無を確認し，内部の空気を大気圧にして保管する．

(4) 圧力調整器の 1 段減圧部，空気取出し口に中圧（LP）・高圧（HP）と刻印されているが，残圧計はこの高圧（HP）に連結する．

(5) BC は 10～20 kg の浮力を得られるので，高圧則で義務付けられている救命胴衣の機能も果たす．

解 説 ボンベは，水の浸入を防ぐため，**内部に 1 MPa 程度の空気を残して**保管します． 【答】(3)

Check!
 ボンベの保管 ➡ 1 MPa 程度の空気を残す

 応用問題 スクーバ式潜水器のボンベの取扱い，点検に関する記述で，誤っているのは次のうちのどれか．

(1) ボンベは，5 年に 1 度の法定耐圧検査はもちろん，6 か月に 1 回以上の定期点検を行う．

(2) ボンベは，1 年に 1 回以上，バルブを外してボンベの内部を点検するのが望ましい．

(3) ボンベは，始業前点検として，充填圧力の確認を行う．

(4) ボンベは，初心者の場合は熟練者の約 5 倍の空気消費量を考慮しておく．

(5) ボンベは，終業点検として，水洗いを行い，さび，傷，破損の有無を確認し，内部に 0.5～1.0 MPa の空気を残して保管する．

解 説 初心者の場合，水中での作業に不慣れなため呼吸量が多くなるので，**熟練者の約 2 倍の空気消費量**を考慮します． 【答】(4)

Check!
ボンベの空気消費量 ➡ 初心者は熟練者の 2 倍

3章

潜水器の点検および修理のしかた

123

③ 編

高気圧障害

1-1. 潜水時の環境

学習ガイド

潜水時には，大気中の環境と一変するため，災害や疾病の回避の意味からも水中での環境特性を熟知しておく必要があります．

ポイント

◎ 水中での環境特性

潜水時には，我々の体は水中環境に置かれることになり，環境が一変します．水中での潜水者を取り巻く環境のイメージは，右図のようになります．

潜水者を取り巻く環境特性を整理すると，

$$\boxed{環境特性}=\boxed{水温}+\boxed{水圧}+\boxed{熱}+\boxed{空気}$$
$$+\boxed{光}+\boxed{音}\,など$$

となります．

水中での環境特性が潜水者に及ぼす影響は，下表のとおりです．

▼ 水中での環境特性が潜水者に及ぼす影響

特 性	影 響
① 水温	水温が低いと体が冷却され，活動が鈍るため，厳しい条件では凍死するおそれがあります．
② 水圧	水深 10 m につき 0.1 MPa の水圧を受け，潜降・浮上に伴う環境水圧の変化によって健康障害を受ける可能性があります．
③ 熱	**熱伝導率や比熱は水のほうが空気より大きい**ため，水温が低い水中では地上より体温が奪われやすくなります． （水の熱伝導率は空気の約 25 倍）
④ 空気	水中では空気がないため，潜水者に空気や呼吸用混合ガスを供給する必要があります．
⑤ 光	水中では光の吸収・散乱・屈折などによって視覚や視界が制限されます．
⑥ 音	水中では音声の伝達が困難となるため，コミュニケーションが難しくなります．

基本問題 人体に及ぼす水温の作用などに関し，次のうち誤っているものは
どれか．
　(1) 体温は，代謝によって生ずる産熱と，人体と外部環境の温度差に基づく物理
　　　的な過程による放散（放熱）のバランスによって保たれる．
　(2) 水中では，一般に水温が 20 ℃ 以下では，保温のためのウェットスーツやド
　　　ライスーツの着用が必要となる．
　(3) 水の比熱は空気に比べてはるかに大きいが，熱伝導率は空気より小さい．
　(4) 水中では，汗の蒸発による放熱作用はない．
　(5) 水中で体温が低下すると，震え，意識の混濁や喪失などを起こし，死に至る
　　　こともある．

 　水の**熱伝導率は空気の約 25 倍と大きい**です．

 1 　人体は水に浸かると，頭部，大腿付け根部などからの熱損失が大きいので，その
部位からの熱損失を少なくする必要があります．

 2 　水中で体温が低下すると，震え，意識の混濁や喪失などを起こし，死に至ること
もあります．　　　　　　　　　　　　　　　　　　　　　　　　　　　　**【答】(3)**

Check!
　　　　　　　　　　水は空気より比熱も熱伝導率も大きい

 応用問題 　潜水時における「水中の環境特性」として，誤っているのは次の
うちどれか．
　(1) 水温：20 ℃ 以下では身体の冷却を抑え，保温のために潜水服が必要となる．
　(2) 水圧：水深 10 m につき 0.1 MPa の水圧を受け，潜降・浮上のつど，環境水
　　　圧が増減するので，はなはだしい場合には健康障害を受けることになる．
　(3) 熱伝導率，比熱：熱伝導率や比熱は水のほうが空気よりはるかに小さいた
　　　め，水温が低いと空気環境に比べて体が冷えやすい．
　(4) 空気：水中では空気がないため，空気や呼吸用混合ガスを潜水者に供給する
　　　装置が必要となる．
　(5) 光：水中では光の吸収・散乱・屈折などによって視界が制限される．

解　説 　**熱伝導率や比熱は水のほうが空気より大きい**ので，水温が低いと空
気環境に比べて体が冷えやすくなります．また，水中では音声も伝わりにくいの
で，安全確保の面から伝達手段の確保が重要となります．　　　　　　**【答】(3)**

Check!
　　　　　　　　　水温が低いと空気環境より体が冷えやすい

1-2. 呼吸器系

呼吸器系は，呼吸によって体内への酸素の摂取と二酸化炭素の排出の機能をもっています．ここでは，もう少し詳しく学習します．

ポイント

◎ 呼吸運動

体内に酸素を取り入れ，二酸化炭素を排出する作用を一般に「**呼吸**」といい，酸素と二酸化炭素の交換は肺（肺胞）で行われ，呼吸中枢は延髄にあります．

呼吸には，胸部や横隔膜の運動によって，受動的に起こる**外呼吸（肺呼吸）**と血液によって酸素が細胞レベルまで運ばれ二酸化炭素とガス交換の行われる**内呼吸（組織呼吸）**とがあります．

◎ 呼吸器

鼻や口から吸いこんだ空気は，**気管 → 気管支 → 細気管支 → 呼吸細気管支 → 肺胞**に至ります．肺胞には肺動脈と肺静脈の毛細管が絡みついて，吸った空気と血液との間でガス交換が行われています．

▼ 呼吸器系の構造

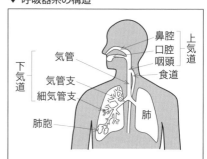

▼ 吸息時と呼息時

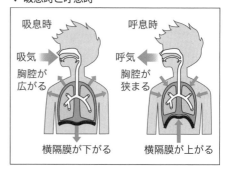

◎ 呼吸数と換気量

成人の呼吸数は，**安静時で1分間に12〜16回（平均14回）**で，運動時には多くなります．1回の換気量は，**普通約500 mL**で，**1分間では約7 L**です．

◎ 肺活量

肺活量は，息をできるだけ吸い込んだ状態から，できるだけ吐き出した量です．年齢，性，身長などで差が見られ，成年男性で3〜4 L，成年女性で2〜3 Lです．

- **肺活量 = 呼吸気（1回換気量）+ 補気（予備吸気量）+ 蓄気（予備呼気量）**
- **全肺気量 = 肺活量 + 残気量**

ひっかけ問題に注意

呼吸器系について，以下のような内容を選んではなりません．

気道にはガス交換機能がある →正解は，「肺にはガス交換機能がある」です．

呼吸中枢は大脳にある →正解は，「呼吸中枢は延髄にある」です．ここからの刺激によって呼吸に関与する筋肉が伸縮します．

基本問題 肺の構造または肺の障害に関し，次のうち誤っているものはどれか．
- (1) 肺は，フイゴのように膨らんだり縮んだりして空気を出し入れしているが，肺自体には膨らむ力（運動能力）はない．
- (2) 肺の臓側胸膜と壁側胸膜で囲まれた部分を胸膜腔（くう）という．
- (3) 肺の胸膜腔は，通常，密閉状態になっている．
- (4) 肺は，筋肉活動による胸郭の拡張に伴って膨らむ．
- (5) 胸膜腔に気体が侵入し胸郭が広がっても肺が広がらない状態を空気閉塞（そく）という．

解　説 胸膜腔に気体が侵入し胸郭が広がっても肺が広がらない状態を**気胸**といいます．**空気閉塞**は，浮上時の肺胞の破れで肺毛細血管の壁が破壊され，血管内に空気が侵入した際に**抹消血管を閉塞する**ことを指します．　【答】(5)

Check!
☑ 胸郭が広がるが肺が広がらない ➡ 気胸

応用問題 1 肺換気機能と潜水による肺の障害に関し，次のうち誤っているものはどれか．
- (1) 肺は，フイゴのように膨らんだり縮んだりして空気を出し入れしているが，肺自体には運動能力はない．
- (2) 肺の表面と胸郭内面は，胸膜で覆われており，両者の空間を胸膜腔（くう）という．
- (3) 肺は，胸郭の筋肉活動による拡張に伴って膨らむ．
- (4) 胸膜腔は，通常，密閉状態になっているが，気胸を生じると筋肉によって肺を広げることが困難になる．
- (5) 潜水によって生じる肺の過膨張は，潜降時に起こりやすい．

解　説 潜水によって生じる肺の過膨張は，**浮上時**に起こりやすく，浮上時に肺内で膨張した空気は呼吸をすることで体外に排出されますが，浮上の際に息を止めたままでいると膨張した空気によって肺を破裂させてしまいます．【答】(5)

I章

高気圧障害の病理

肺の過膨張 ➡ 浮上時に起こりやすい

応用問題 2　肺換気機能に関する次の文中の□□□内に入れる A から C の語句の組合せとして，正しいものは（1）～（5）のうちどれか．

「肺呼吸は，肺胞内の　A　が肺胞を取り巻く毛細血管内へ入り込み，一方，　B　はこの毛細血管内から肺胞内へ出ていくガス交換であるが，肺でのガス交換に関与しない気道やマスクの部分を　C　という」．

	A	B	C
(1)	酸素	二酸化炭素	気胸
(2)	酸素	二酸化炭素	空気塞栓
(3)	二酸化炭素	酸素	死腔
(4)	酸素	二酸化炭素	死腔
(5)	二酸化炭素	酸素	空気塞栓

解　説　文章を完成させると，次のようになります．

「肺呼吸は，肺胞内の酸素が肺胞を取り巻く毛細血管内へ入り込み，一方，二酸化炭素はこの毛細血管内から肺胞内へ出ていくガス交換であるが，肺でのガス交換に関与しない気道やマスクの部分を死腔という．」　　　【答】（4）

Check!

酸素 ➡ 毛細血管内に入る　　二酸化炭素 ➡ 出る

応用問題 3　肺換気機能に関し，次のうち誤っているものはどれか．

(1) 肺呼吸は，空気中の酸素を取り入れ，血液中の二酸化炭素を排出するガス交換である．

(2) ガス交換は，肺胞及び呼吸細気管支で行われ，そこから口側の空間は，ガス交換には直接は関与していない．

(3) ガス交換に関与しない空間を死腔というが，潜水呼吸器を装着すれば死腔の容積は増加する．

(4) 死腔が小さいほど，酸素不足や二酸化炭素蓄積が起こりやすい．

(5) 潜水中は，呼吸ガスの密度が高くなり呼吸抵抗が増すので，呼吸運動によって気道内を移動できる呼吸ガスの量は深度が増すに従って減少する．

解　説　1回の呼吸で吸った空気が全部肺胞から吐き出されるはずはなく，気道の中を行き来するだけの容積を死腔といいます．

死腔が大きいほど，酸素不足や二酸化炭素蓄積が起こりやすくなります．　　　　　　【答】(4)

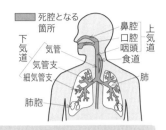
死腔となる箇所　鼻腔　上気道
下気道　気管　口腔　咽頭
気管支　食道
細気管支　肺
肺胞

Check!

死腔が大きい →
酸素不足や二酸化炭素の蓄積

　応用問題4　潜水時の呼吸などに関し，次のうち誤っているものはどれか．

(1) 潜水中では，呼吸ガスの密度が高くなり呼吸抵抗が増すので，呼吸運動によって気道内を移動できる呼吸ガスの量は深度が増すに従って減少する．

(2) 潜水作業者が消費する酸素の質量は，水圧に直接関係するものではなく，作業強度に関係する．

(3) 作業強度が大きい作業ほど，単位時間当たりに必要とする呼吸ガスの量が増加する．

(4) 水深が深いほど，単位時間当たりに必要とする呼吸ガスのその圧力下における体積が増加する．

(5) スクーバ式潜水の場合，水深が深いほど，空気ボンベの残圧は早く減少する．

解　説　水深が深いほど，単位時間当たりに必要とする呼吸ガスのその圧力下における体積が減少します．　　　　　　【答】(4)

Check!

水深が大 → 呼吸ガスの水深圧下の体積は減少

■次の文は，**正しい(○)?**　それとも**間違い(×)?**

(1) 通常の空気中の二酸化炭素濃度は 0.04 % 程度であるが，呼気中のそれは 0.4 % 前後となる．

(2) 潜水中は，呼吸ガスの密度が高くなり呼吸抵抗が増すので，呼吸運動によって気道内を移動できる呼吸ガスの量は深度が増すに従って減少するが，酸素分圧が上昇するので，肺の換気能力は低下しない．

解答・解説

(1) ×⇒空気中の二酸化炭素濃度は 0.04 % 程度ですが，人の呼気中の二酸化炭素濃度は運動量とともに増加し，**4 % 前後**（安静時の約 1 % から重作業時の 9 % まで変化）となります．

(2) ×⇒呼吸ガスの密度増加は気道抵抗を増大させます．このため，**潜水深度が大きくなるにつれ肺の換気能力は低下**します．

1-3. 循環器系

学習ガイド 循環器系は，体全体への酸素と栄養の補給の機能をもっています．ここでは，循環器系について，もう少し詳しく学習します．

3編 高気圧障害

ポイント

◎ 血液の循環

血液を体中に送り出すのは心臓と，血管系とで，血液は一定方向に循環しています．

① **肺循環（小循環）**：肺で酸素をとり，二酸化炭素を出した血液は**肺静脈**を経て心臓の左心房に戻り左心室から**大動脈**を通り全身に送り出されます．

　細胞から二酸化炭素や老廃物を受け取った血液は，**大静脈**を経て右心房に入り，右心室を経て**肺動脈**から肺に送り出されます．

② **体循環（大循環）**：血液を全身に循環させる血管には，動脈，静脈，毛細血管があります．

▼ 血液の循環

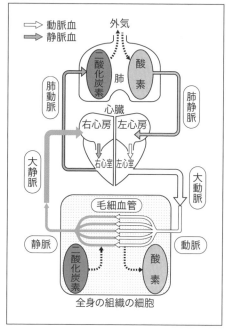

　細胞から二酸化炭素や老廃物を受け取った血液は，毛細血管から小静脈，静脈，大静脈を通って心臓に戻ります．

• 心臓の数値データ：心臓は血液を全身に供給するためのポンプの働きをしており，約280〜300gで，**毎分4〜5L**の血液を送り出しています．心拍数は，通常成人では60〜80回/分で，60回以下を徐脈，100回以上を頻脈といいます．

• **心臓の1周期**：心臓の1周期は，次式のように三つの時期の和で求められます．

心臓の1周期 ＝ 収縮期 ＋ 拡張期 ＋ 休止期

基本問題 正面から見たヒトの血液循環経路の一部を模式的に表した下図について，次の記述のうち誤っているものはどれか．

(1) 血管 A は，肺静脈である．
(2) 心臓の B の部分は，右心房である．
(3) 血管 C は，大静脈である．
(4) 心臓の D の部分は，左心室である．
(5) 血管 E での血液の流れる方向は b である．

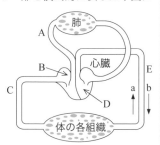

解 説 **血管 A は肺動脈**です．各部の名称と血液の流れる方向はよく覚えておかなければなりません．

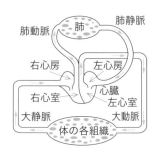

【答】(1)

Check!
☑ 肺に入る ➡ 肺動脈　肺から出る ➡ 肺静脈

応用問題 1 右の図は，ヒトの血液循環の経路の一部を模式的に表したものであるが，図中の血管 A〜D のうち，酸素を多く含んだ血液が流れる血管の組合せとして，正しいものは (1)〜(5) のうちどれか．

(1) A，D　　(2) C，D　　(3) A，C
(4) A，B　　(5) B，C

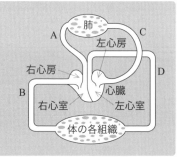

解 説 A は肺動脈，B は大静脈，C は肺静脈，D は大動脈です．これらのうち，**酸素を多く含んだ血液が流れる血管は C の肺静脈と D の大動脈**です．

【答】(2)

酸素を多く含む血管 ➡ 肺静脈と大動脈

応用問題2　右の図は，ヒトの血液循環の経路の一部を模式的に表したものであるが，図中の血管AおよびBとそれぞれを流れる血液の特徴に関し，(1)〜(5)のうち正しいものはどれか.

(1) 血管Aは動脈，血管Bは静脈であり，血管Aを流れる血液は，血管Bを流れる血液よりも酸素を多く含んでいる.

(2) 血管Aは動脈，血管Bは静脈であり，血管Bを流れる血液は，血管Aを流れる血液よりも酸素を多く含んでいる.

(3) 血管Aは静脈，血管Bは動脈であり，血管Aを流れる血液は，血管Bを流れる血液よりも酸素を多く含んでいる.

(4) 血管A，Bはともに動脈であり，血管Bを流れる血液は，血管Aを流れる血液よりも酸素を多く含んでいる.

(5) 血管A，Bはともに静脈であり，血管Aを流れる血液は，血管Bを流れる血液よりも酸素を多く含んでいる.

解説　血管Aは**肺動脈**，血管Bは**大動脈**であり，血管Bの**大動脈**を流れる血液は，血管Aの**肺動脈**を流れる血液よりも酸素を多く含んでいます.

【答】(4)

酸素の含有 ➡ 大動脈のほうが肺動脈より大きい

応用問題3　人体の循環器系に関し，次のうち誤っているものはどれか.

(1) 末梢組織から二酸化炭素や老廃物を受け取った血液は，毛細血管から静脈，大静脈を通って心臓の右心房に戻る.

(2) 心臓に戻った静脈血は，肺動脈を通って肺に送られ，そこでガス交換が行われる.

(3) 心臓は左右の心室と心房，すなわち四つの部屋に分かれており，血液は右心室から大動脈を通って体全体に送り出される.

(4) 心臓の左右の心房の間が卵円孔開存で通じていると，減圧症を引き起こすおそれがある.

(5) 大動脈の根元から出た冠状動脈は，心臓の表面を取り巻き，心筋に酸素と栄養素を供給する．

解　説　血液は**左心室**から**大動脈**を通って体全体に送り出されます．全身を回って二酸化炭素を含んだ血液は，大静脈を経て心臓の右心房に入り，**右心室**を経て**肺動脈**から肺に送り出されます．　　　　　　　　　　　　【答】(3)

Check!
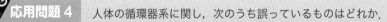
左心室 ➡ 体全体への血液の送り出し

 応用問題 4　　人体の循環器系に関し，次のうち誤っているものはどれか．
(1) 末梢組織から二酸化炭素や老廃物を受け取った血液は，毛細血管から静脈，大静脈を通って心臓に戻る．
(2) 心臓は左右の心室と心房，すなわち四つの部屋に分かれており，血液は左心室から体全体に送り出される．
(3) 心臓の右心房に戻った静脈血は右心室から肺静脈を通って肺に送られ，そこでガス交換が行われる．
(4) 心臓の左右の心房の間が卵円孔開存で通じていると，減圧症を引き起こすおそれがある．
(5) 大動脈の根元から出た冠状動脈は，心臓の表面を取り巻き，心筋に酸素と栄養素を供給する．

解　説　心臓の右心房に戻った静脈血は**右心室**から**肺動脈**を通って**肺**に送られそこでガス交換が行われます．「**肺動脈**」には酸素の少ない静脈血が流れているが，心臓から送り出される圧力の高い血管であるので**肺動脈**と呼ばれています．　　　　　　　　　　　　　　　　　　　　　　　　　　　【答】(3)

Check!
静脈血の経路 ➡ 右心室→肺動脈→肺

I-4. 神経系

学習ガイド 神経系は，神経細胞による身体の機能の統合の機能をもっています．ここでは，神経系について，もう少し詳しく学習します．

編
高気圧障害

ポイント

◎ 神経系の分類

末梢からの刺激を受け入れ，これに対して興奮する中心部を中枢神経といい，刺激および興奮を伝える部を末梢神経といいます．

- |中枢神経|……脳，脊髄
- |末梢神経|……①|体性神経|（知覚神経，運動神経）
  　　　　　　　②|自律神経|（交感神経，副交感神経）

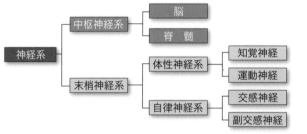

◎ 末梢神経系の機能

末梢神経系の機能は，下表のとおりです．

神経系		機能
体性神経	感覚神経（知覚神経）	感覚器官からの情報を中枢に伝達します．
	運動神経	中枢からの命令を運動器官に伝達します．
自律神経		・内臓，血管などの不随意筋に分布し，生命維持に必要な消化・呼吸・循環などの作用を無意識的，反射的に調節します． ・交感神経，副交感神経とも同一器官に分布しており，交感神経が昼間に働きが活発であるのに対し，副交感神経のほうは夜間になると働きが活発になります．

基本問題 神経系に関する次の文および図中の |　　| 内に入れるAからCの語句の組合せとして，正しいものは（1）～（5）のうちどれか．

「神経系は中枢神経系と末梢神経系に大別されるが，末梢神経系のうち |　A　| 神経系は |　B　| 神経と |　C　| 神経から成り，ヒトの体が刺激を受けて反応するときは，下図のような経路で信号が伝えられる．

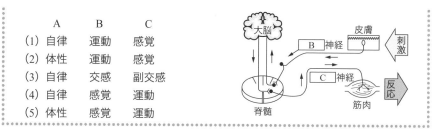

	A	B	C
(1)	自律	運動	感覚
(2)	体性	運動	感覚
(3)	自律	交感	副交感
(4)	自律	感覚	運動
(5)	体性	感覚	運動

解　説　末梢からの刺激を受け入れ，これに対して興奮する中心部を**中枢神経**といい，刺激および興奮を伝える部を**末梢神経**といいます。　　【答】(5)

Check!

> 体性神経 ＝(入力)感覚神経 ＋(出力)運動神経

応用問題 1　人体の神経系に関し，次のうち誤っているものはどれか。

(1) 神経系は，身体を環境に順応させたり動かしたりするために，身体の各部の動きや連携の統制を司る。

(2) 神経系は，中枢神経系と末梢神経系とに大別される。

(3) 中枢神経系は，脳と脊髄から成っている。

(4) 末梢神経系は，体性神経と自律神経から成っている。

(5) 自律神経は，感覚神経と運動神経から成っている。

解　説　**体性神経**は，感覚神経と運動神経から成っています。　　【答】(5)

Check!

> 自律神経 ➡ 交感神経 ＋ 副交感神経

応用問題 2　下図はヒトの神経系を表した模式図であるが，ヒトの神経系に関する次の文の　　内に入れる A から D の語句の組合せとして，正しいものは(1)～(5) のうちどれか。

「・ヒトの神経系は，　A　神経系と　B　神経系から成る。

　・　A　神経系は，脳と脊髄から成る。

　・　B　神経系は，　C　神経と　D　神経から成る。

　・　C　神経は，下図のアとイから成る。

　・　D　神経は，下図のウとエから成る。」

	A	B	C	D
(1)	中枢	運動	体性	感覚
(2)	末梢	運動	自律	体性
(3)	末梢	中枢	体性	感覚
(4)	中枢	末梢	自律	体性
(5)	中枢	末梢	体性	自律

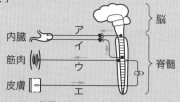

（ ⟵ は，信号の伝わる方向を示している。）

解　説　神経には，脳や脊髄を指す中枢神経系および末梢神経系の2種類があり，末梢神経系には体性神経系と自律神経系とがあります．体性神経は意識的に働く神経で，運動神経や感覚神経のことです．自律神経には交感神経と副交感神経があり，内臓器官の消化運動やホルモン分泌のように自分の意思に関係なく働きます．　　　　　　　　　　　　　　　　　　　　　　　　　　　　【答】(4)

Check!
☑　　内臓 ➡ 自律神経　　筋肉や皮膚 ➡ 体性神経

応用問題3　ヒトの神経系に関し，次のうち誤っているものはどれか．
(1) 神経系は，身体を環境に順応させたり動かしたりするために，身体の各部の動きや連携の統制を司る．
(2) 神経系は，中枢神経系と末梢神経系から成る．
(3) 中枢神経系は，脳と脊髄から成るが，脳は特に多くのエネルギーを消費するため，脳への酸素供給が3分間途絶えると修復困難な損傷を受けるとされる．
(4) 末梢神経系は，体性神経と自律神経から成る．
(5) 体性神経は，交感神経と副交感神経から成り，運動と感覚の作用を調節している．

解　説　**体性神経**は，皮膚からなどの刺激を伝える**感覚神経**と中枢からの命令を筋肉などに伝える**運動神経**から成っています．**自律神経**は，内臓などの作用を調整するもので，**交感神経**と**副交感神経**から成っています．

【答】(5)

Check!
☑　　脳への酸素供給 ➡ 3分間途絶えると危険

■次の文は，正しい(○)？　それとも間違い(×)？

(1) 中枢神経系は，脳と脊髄から成っている．
(2) 末梢神経系は，体性神経と自律神経から成っている．
(3) 体性神経は，交感神経と副交感神経から成っている．

解答・解説

(1)，(2) ○
(3) ×⇒**体性神経**は，**感覚神経**と**運動神経**から成っています．

1-5. 息こらえ潜水と人体への影響

息こらえ潜水（素潜り）が人体に及ぼす影響について学習します.

ポイント

◎ 息こらえ潜水

息こらえ潜水（素潜り）では，最初はいくらか息を
こらえられるものの「**ブレーキングポイント**」に達す
ると，次の要因によって息をこらえられなくなります.

① 体内に二酸化炭素が蓄積し，血液中の二酸化炭
素の分圧が上昇する.

② 体内で酸素が消費され，分圧が低下する.

③ 肺の換気運動がない.

息こらえ潜水時間を長くするには，血液中の二酸化

▼ 息こらえ潜水

炭素の分圧を低下させればよいので，潜水直前に水面
で深呼吸を繰り返すと効果があります．しかし，多すぎる深呼吸によって低炭酸
症になり，めまい，しびれ，けいれんなどを起こす可能性があります．また，水
中での息こらえ時間が長くなると酸素欠乏・二酸化炭素蓄積状態となり，「**ブラッ
クアウト（意識喪失）**」を起こすおそれがあります.

基本問題 息こらえ潜水（素潜り）の時間を長くする方法として，最も適切
なものは次のうちどれか.

(1) 素潜りをする直前に水面で深呼吸を繰り返す.

(2) 素潜りから浮上したら，ほとんど呼吸をせずに再び素潜りする訓練をする.

(3) 水中で息こらえ時間をなるべく長くとる訓練をする.

(4) 二酸化炭素分圧の大きい環境で呼吸する訓練をする.

(5) 水深 30～40 m に達するまで深く潜る訓練をする.

解 説 素潜りの**直前に水面で深呼吸を繰り返すと息こらえ時間を長くする**
ことができますが，多すぎる深呼吸によって水中で失神する危険があるので注意
が必要です. 【答】(1)

Check!

素潜り直前の深呼吸の過多 → 水中での失神

1-6. 空気などを呼吸する潜水と人体への影響

「空気などを呼吸する潜水」では，「息こらえ潜水」に比べ，長時間の潜水が可能となりますが，人体にどのような影響があるのかについて学習します．

ポイント

◎ 空気や他のガスを呼吸する潜水

空気や他のガスを呼吸する潜水では，次のような影響を受けることになります．

① **呼吸ガスの密度増加による影響**：潜水深度が大きくなるほど呼吸ガスの密度が増加し，気道抵抗が増加するので，肺の換気能力が低下します．このため，深海潜水では空気の代わりにヘリウムを含む混合ガスを使用します．

② **圧呼吸による影響**：大気中では肺の内圧と外圧との差はほとんどなく，わずかな力で大きな換気が得られています．しかし，水中では換気能力が低下するため呼吸のために大きな努力を要します．

③ **送気量による影響**：潜水作業が激しいほど体内での二酸化炭素の発生が大きくなるので，送気量を大きくする必要があります．

④ **機器の呼吸死腔による影響**：潜水器の使用は呼吸死腔を増加させ，二酸化炭素の排泄効率を低下させます．これを抑制するため，呼気をできる限り再吸入しない構造と機能をもたせます．

⑤ **機器の呼吸抵抗**：スクーバ式潜水器では，呼吸管や弁などの呼吸抵抗が気道抵抗に加わり，肺の換気仕事量を増やし，呼吸筋の負担を大きくします．

⑥ **空気の性状による影響**：酸素が不足すると酸素消費の大きい脳細胞に影響を及ぼし，酸素の過剰は酸素中毒を引き起こします．二酸化炭素の蓄積は中毒症状を招きます．一酸化炭素が多くなると，一酸化炭素中毒を招き，脳が被害を受けることになります．

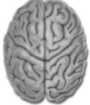

基本問題 空気や他のガスを呼吸する潜水の影響などに関する次の記述のうち，誤っているのはどれか．
(1) 潜水深度が大きくなるほど気道抵抗が増加し，肺の換気能力が低下する．
(2) 深海潜水では空気の代わりにヘリウムを含む混合ガスを使用する．
(3) 大気中では肺の内圧と外圧との差は大きいが，水中では差は小さくなる．
(4) 潜水作業が激しいほど体内での二酸化炭素の発生が大きくなる．
(5) スクーバ式潜水器では，呼吸管や弁などの呼吸抵抗が気道抵抗に加わる．

 大気中では肺の内圧と外圧との差はほとんどなく，わずかな力で大きな換気が得られ効率が良い．しかし，**水中では水位に相当する圧差**を生じ，換気能力が低下するため呼吸のために大きな努力を要します．

【答】(3)

Check!

肺の内圧と外圧との差 → 水中では大きくなる

 潜水と呼吸に関し，次のうち誤っているものはどれか．
(1) 潜水作業者が呼吸する空気の密度は，地上における密度よりも大きいため，高い密度の空気を吸入することなどによる影響を考慮しなければならない．
(2) 潜水深度が増すにつれ，気道抵抗は増加するので，肺の換気能力も，労作能力も低下する．
(3) 息をこらえて素潜りを行っていると，やがて苦しくなり，ついに止めていられなくなる限界点をブレーキングポイントという．
(4) 素潜りの直前に水面での深呼吸による過剰換気の度が過ぎると，二酸化炭素分圧が極端に低下してハイポキシアになり，めまい，けいれんなどを起こす危険がある．
(5) 素潜りの水中での息こらえ時間が長引くと，酸素欠乏とともに二酸化炭素蓄積状態となり，ブラックアウトと呼ばれる意識喪失を起こすおそれがある．

 素潜りの時間を長くするために，その直前に水面で深呼吸を繰り返せばよいが，換気の度が過ぎると**ハイポカプニア（低炭素症）**になり，めまい，しびれ，けいれんなどを起こす危険があります．

なお，ハイポキシアは「低酸素症」のことです．

【答】(4)

Check!

素潜り直前の深呼吸の多すぎ → 低炭素症になる

Ⅰ章

高気圧障害の病理

I-7. 潜水による圧力などの人体への影響

学習ガイド 潜降時の「加圧」や浮上時の「減圧」は，人体にどのような影響があるのかを中心として学習します．

3編 高気圧障害

ポイント

◎ 加圧と減圧による人体への影響

　加圧や減圧によって人体は機械的な直接作用（一次的作用）と間接作用（二次的作用）を受けます．これらについて整理すると，下表のようになります．

▼ 加圧と減圧による人体への影響

区　分		物理作用	病理作用	人体への影響（障害）
潜降時の加圧	直接作用	不均等な加圧	組織の変形，鬱血，出血，浮腫，疼痛	締付け障害（スクイーズ）
	間接作用	空気密度の増加	気道抵抗の増大	呼吸困難
		成分気体分圧の上昇 ①酸素分圧の上昇 ②窒素分圧の上昇 ③二酸化炭素分圧の上昇	①酸素の毒性出現 ②麻酔作用 ③二酸化炭素過剰	①酸素中毒症 ②窒素酔い ③二酸化炭素中毒
浮上時の減圧	直接作用	不均等な減圧	肺の膨張	肺の破裂，空気閉塞症
	間接作用	気体溶解度の低下	体内気泡の形成	減圧症（潜水病，潜函病），骨壊死

◎ 水温による人体への影響

　水中では，汗の蒸発による放熱作用はなくなります．水中では地上より体温が奪われやすい理由は，空気に比べて水の熱伝導率や比熱が大きいからです．

- **水の熱伝導率：空気の約 25 倍**
- **水の比熱**：同一体積の**空気の 3 600 倍**

　体温の低下は，震え（シバリング），意識の混濁，喪失を招きます．このため，水温 20 ℃ 以下では，ウェットスーツやドライスーツの着用が必要になり，深海での潜水では加温潜水服を着用します．

◎ その他による人体への影響

　水中では，感覚や心理的影響から，視覚の低下，色の喪失，音のひずみ，方位の認識や平衡感覚の喪失，無重力状態，不安などを招きます．

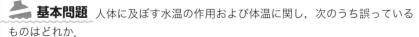

基本問題 人体に及ぼす水温の作用および体温に関し，次のうち誤っているものはどれか．

(1) 体温は，代謝によって生ずる産熱と，人体と外部環境の温度差に基づく放熱のバランスによって保たれる．

(2) 水中において，一般に水温が 20 ℃ 以下では，保温のためのウェットスーツやドライスーツの着用が必要となる．

(3) 水中で体温が奪われやすい理由は，水の熱伝導率が空気の約 25 倍であり，また水の容積比熱は空気と比べてはるかに大きいからである．

(4) 低体温症に陥った者に対する処置としては，体温を回復させることが重要であり，暖かい風呂に入れることやアルコールの摂取も効果的な方法である．

(5) 水中で体温が低下すると，震え，意識の混濁や喪失などを起こし，死に至ることもある．

解　説 潜水時間が長く深い深度での潜水で**体温が 35 ℃ を下回る**と，筋肉の震えが止まらなくなり，不整脈を起こして意識を喪失する**低体温症の症状**が現れます．

低体温症に陥った人に対する処置には，次のような方法があります．

① 体温を回復させるため，**暖かい風呂**に入れる．

② ぬれた潜水服を脱がせ，潜水者を何枚もの**毛布でくるみ体熱損失を小さくする．** 【答】(4)

Check!
 低体温症の処置 → アルコールの摂取は厳禁

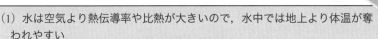

■次の文は，正しい(○)? それとも間違い(×)?

(1) 水は空気より熱伝導率や比熱が大きいので，水中では地上より体温が奪われやすい．

(2) 低体温症は，全身が冷やされて体内温度が 25 ℃ 以下にまで低下したとき発生し，意識消失，筋の硬直などの症状が見られる．

(3) 低体温症に陥った者にアルコールを摂取させると，皮膚の血管が拡張し体表面からの熱損失を増加させるので絶対に避けなければならない．

解答・解説

(1) ○⇒水中では地上より体温が奪われやすいです．

(2) ×⇒低体温症は，全身が冷やされて**体内温度が 35 ℃ を下回る**と発生します．

(3) ○⇒低体温症に陥った人にアルコールを摂取させることは，絶対に避けなければなりません．

I章

高気圧障害の病理

143

2章 高気圧障害の種類と症状 および対策

2-1. 耳・副鼻腔の傷害と予防

学習ガイド

耳と副鼻腔の傷害の原因と症状，予防法と処置について学習します.

3編 高気圧障害

ポイント

◎ 耳の構造と機能

耳は，聴覚と平衡感覚をもち，**外耳**＋**中耳**＋**内耳**で構成されています.

外耳と中耳との間には，直径1 cm ほどの円形の薄い鼓膜があり，鼓膜は，外耳道の空気の振動に応じて微妙に振動します.

中耳は，大部分が骨に囲まれた空間を形成しており，中耳腔は鼓室とも呼ばれ，内下方より咽頭上部の側壁に向け耳管（欧氏管）が通じています.

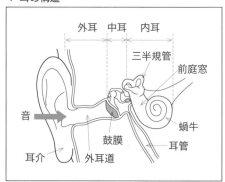

▼ 耳の構造

外耳　中耳　内耳

三半規管
前庭窓
蝸牛
耳管
音
鼓膜
耳介　外耳道

内耳は側頭骨内にあって，前庭，半規管（三半規管），蝸牛（かぎゅう）の 3 部分からなり，前庭と半規管が平衡感覚，蝸牛が聴覚を分担しています.

耳管（欧氏管）は中耳と鼻や喉の裏側を結んでいます. 耳管は，通常閉じていますが，唾を飲み込むような動作で開き，鼓膜内外の圧力の調整を行います.

◎ 耳の傷害の原因と症状

潜降 1 m 程度で鼓膜の圧迫感を生じ，潜降 3 m 程度で大半の人が鼓膜の痛みを感じ，鼓膜が充血します. さらに進むと鼓膜が破れてしまいます. 内耳が損傷すると，めまい，眼球震盪，平衡障害による起立不能などを起こすことがあります.

◎ 耳の傷害の予防法と処置

① 潜降は，初期にはゆっくりと行う.

② 潜降時に鼓膜に圧迫感を感じたら，「**耳抜き**」をし「**圧平衡**」を図ります. これが，うまくできない場合には，水面に戻るようにします.

▼ 耳抜きの仕方

水圧

喉から押しやった
空気が内耳に入る

中耳

鼓膜

耳管

参 考　耳抜き：耳管を開き鼓膜内外の圧平衡を図るためのスキルで，唾を飲み込んだり，口を閉じて鼻をつまみ鼻に軽く息を吹き込んだり，かむ動作を行うことをいう．耳抜きすると，耳がポコンと空気の抜けた音がして痛みが消えます．

③　風邪を引いたときは，炎症のため咽頭や鼻の粘膜がはれて，うまく耳抜きがしにくくなります．したがって，風邪をひいたときには潜水を避けます．

④　潜降途中で耳が痛くなったときには，潜降を止めて頭を水面に向けた姿勢をとるか，やや浮上して耳抜きします．

⑤　地上に戻った後にも耳の異常が続くときには，医師の診察を受けます．

注　意　風邪をひいているいないにかかわらず，耳栓を使用してはなりません．

ひっかけ問題に注意

耳の障害と対策について，以下のような内容を選んではなりません．

耳管は，通常開いている

→正解は，「耳管は通常閉じている」です．

耳抜きは，耳管を閉じて圧調整を行うことである

→正解は，「耳管を開き鼓膜内外の圧平衡を図るためのスキル」です．

風邪のために耳抜きができないときには耳栓をする

→正解は，「風邪をひいているいないにかかわらず耳栓をしてはならない」です．

2章

高気圧障害の種類と症状
および対策

◎ 副鼻腔の構造

頭蓋骨には，いくつかの空洞（前頭洞，上顎洞，篩骨洞，蝶形骨洞など）があります．これらの空洞は細管でいずれも鼻腔に通じており，副鼻腔といいます．

▼ 副鼻腔と洞（骨の中の空洞）の構造

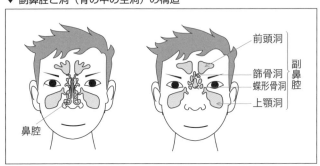

前頭洞
篩骨洞
蝶形骨洞
上顎洞
副鼻腔
鼻腔

◎ 副鼻腔の傷害の原因と症状

鼻の炎症で，洞と鼻腔を結んでいる管が塞がった状態で潜水したとき，**洞内と外部間に圧差**を生じて，洞の内圧はこれを取り巻く組織よりも低くなります．

これによって，傷害部位に鋭い痛みを感じ，鼻血が出たりする**締付け傷害**を引き起こします．締付け傷害は，特に眉間に起きやすく，同じ水深の場所にしばらくいると痛みが和らぐことが多いです．

◎ 副鼻腔の傷害の予防法と処置

① 初期の潜降を特にゆっくりと行う．

② 鼻の病気を治しておく．

③ 風邪をひいたときは潜水を止める．

④ 地上に戻っても痛みが続き，鼻血が止まらないときには医師の手当てを受ける．

基本問題 潜水による副鼻腔や耳の障害に関し，次のうち誤っているものはどれか．

(1) 潜降の途中で耳が痛くなるのは，外耳道と中耳腔との間に圧力差が生じるためである．

(2) 中耳腔は，耳管によって咽頭と通じているが，この管は通常は閉じている．

(3) 耳の障害の症状には，耳の痛みや閉塞感，難聴，耳鳴り，めまいなどがある．

　　(4) 前頭洞，上顎洞などの副鼻腔は，管によって鼻腔と通じているが，耳抜きで
　　　　はこの管を開いて圧調整を行う．
　　(5) 副鼻腔の障害の症状には，額の周りや目・鼻の根部などの痛み，鼻出血など
　　　　がある．

解　説　　耳抜きによって圧調整を行うのは中耳腔です．耳管は，通常時は閉
じた状態となっており，耳抜きをすることによって開口させ圧調整を行います．
耳抜きによって，耳の痛みや中耳腔の圧外傷を防ぎます．耳抜き動作が強すぎる
と，耳に障害が残る可能性があるので注意しなければなりません．

【答】(4)

Check!

☑　　　　　　　耳抜き ➡ 中耳腔内の圧調整

応用問題　潜水による耳および副鼻腔の障害に関し，次のうち誤っているも
のはどれか．
　　(1) 潜降の途中で耳が痛くなるのは，外耳と中耳などの間に圧力差が生じるため
　　　　である．
　　(2) 耳管は中耳の鼓室から咽頭に通じる管で，通常は開いているが，唾を飲み込
　　　　むような場合に閉じて鼓膜内外の圧調整を行う．
　　(3) 潜水による耳の障害の症状には，鼓膜の圧迫感や痛み，難聴，耳鳴り，めま
　　　　いなどがある．
　　(4) 潜水による副鼻腔の障害は，鼻の炎症などによって前頭洞，上顎洞などの副
　　　　鼻腔と鼻腔を結ぶ管が塞がった状態で潜水したときに起きる．
　　(5) 潜水による副鼻腔の障害の症状には，額の周りや目・鼻の根部などの痛み，
　　　　鼻出血などがある．

解　説　　耳管は中耳の鼓室から咽頭に通じる管で，通常は閉じた状態にあり，
唾を飲み込むような耳抜きの動作によって開口させることができます．

【答】(2)

Check!

☑　　　　　　耳管 ➡ （常時は）閉，（耳抜きすると）開

2章

高気圧障害の種類と症状
および対策

2-2. 圧外傷と予防

潜水によって生じる圧外傷と予防について学習します.

ポイント

◎ 圧外傷と予防

　水深が変化すると圧力も変化します. この圧力の増減変化によって, 体内の気体を含んだ空間 (肺や副鼻腔など) の容積が変化し, 何らかの障害が起こることを**圧外傷**といいます. 不均等な圧力は, 非常に小さい圧力の差であっても圧外傷を引き起こします. 圧外傷は, 肺, 耳や副鼻腔などで生じ, 耳の閉塞感や痛み, 鼻血などの症状が出ます.

◎ スクイーズとブロック

- スクイーズ : **潜降時に発生する圧外傷**のことをいいます. 例えば, 耳管が閉じたまま潜降すると, 中耳腔がスクイーズ (**締付け**) を起こし, 耳に圧迫感や痛みを生じます. 予防するには, 潜降中, 確実に**耳抜き**をすることです.

- ブロック : **浮上時に発生する圧外傷**のことをいいます. 例えば, 浮上中, 耳管が開放せず中耳腔の空気が鼻腔に排出しないと耳の圧迫感や耳痛を生じます. 予防するには, 浮上は極力低速度で行います.

基本問題 潜水によって生じる圧外傷に関し, 次のうち誤っているものはどれか.

- (1) 圧外傷は, 水圧による疾患の代表的なものであり, 水圧が身体に不均等に作用するときに生じる.
- (2) 圧外傷は, 潜降・浮上いずれのときでも生じ, 潜降時のものをスクイーズ, 浮上時のものをブロックと呼ぶことがある.
- (3) 潜降時の圧外傷は, 中耳腔や副鼻腔あるいは面マスクの内部や潜水服と皮膚の間などで生じる.
- (4) 浮上時の圧外傷は, 浮上による圧力変化のために体腔の容積が減少することで生じ, 副鼻腔や肺などで生じる.
- (5) 虫歯になって内部に密閉された空洞ができた場合, その部分で圧外傷が生じることがある.

　解　説　浮上時の圧外傷は, **浮上による圧力変化**のために**体腔の容積が増加**することで生じ, **耳・副鼻腔や肺**などで生じます.　　　　　　　　　【答】(4)

Check!
圧外傷の原因 ➡ 潜降・浮上時の体腔容積の変化

応用問題 1 潜水によって生じる圧外傷に関し,次のうち誤っているものはどれか.

(1) 圧外傷は,水圧による疾患の代表的なものであり,水圧が身体に不均等に作用するときに生じる.

(2) 圧外傷は,深く潜って圧力差の大きい潜降のときに生じるが,浮上のときに生じることはない.

(3) 肺の圧外傷は,胸痛,咳,血痰などの症状のほか,重篤な空気塞栓症を引き起こすことがある.

(4) 面マスクを装着した潜水で圧外傷を起こしたときは,装着している部分に皮下出血を生じることがある.

(5) 虫歯になって内部に密閉された空洞ができた場合,その部分が圧外傷を起こすことがある.

解 説 圧外傷は,潜降・浮上いずれのときでも生じます.

潜降時のものを**スクイーズ**,浮上時のものを**ブロック**といいます. 【答】(2)

マスク内部のスクイーズによる眼球吸出しが引き起こす目の充血

耳腔・副鼻腔群へのスクイーズ

潜降時の圧外傷

Check!
圧外傷 ➡ 潜降・浮上時の水圧変化で発生

応用問題 2 潜水によって生じる圧外傷に関し,次のうち誤っているものはどれか.

(1) 圧外傷は,水圧による疾患の代表的なものであり,水圧が身体に不均等に作用することで生じる.

(2) 圧外傷は,潜降・浮上いずれのときでも生じ,潜降時のものをブロック,浮上時のものをスクイーズと呼ぶ.

(3) 潜降時の圧外傷は,中耳腔や副鼻腔または面マスクの内部や潜水服と皮膚の間などで生じる.

(4) 浮上時の圧外傷は,浮上による減圧のために体腔内の気体が膨張しようとすることで生じる.

(5) 虫歯になって内部に密閉された空洞ができた場合,その部分で圧外傷が生じることがある.

2章
高気圧障害の種類と症状および対策

解　説　潜降時の圧外傷はスクイーズ，**浮上時**の圧外傷は**ブロック**です．

【答】（2）

Check!
> 潜降時 ➡ スクイーズ，浮上時 ➡ ブロック

応用問題 3　肺の圧外傷に関する次の文中の◻︎◻︎内に入れる A から C の語句の組合せとして，正しいものは（1）～（5）のうちどれか．

「潜水器を使用した潜水における◻︎A◻︎時の肺の圧外傷は，◻︎B◻︎と◻︎C◻︎を引き起こすことがある．◻︎B◻︎は，胸膜腔に空気が侵入し胸部が広がっても肺が膨らまなくなる状態をいい，◻︎C◻︎は，肺胞の毛細血管から侵入した空気が，動脈系の末梢血管を閉塞することにより起こる」．

	A	B	C
（1）	浮上	気胸	空気塞栓症
（2）	潜降	気胸	空気塞栓症
（3）	浮上	空気塞栓症	気胸
（4）	潜降	空気塞栓症	気胸
（5）	浮上	死腔	空気塞栓症

解　説　文章を完成させると，次のようになります．「潜水器を使用した潜水における｜浮上｜時の肺の圧外傷は，｜気胸｜と｜空気塞栓症｜を引き起こすことがある．｜気胸｜は，胸膜腔に空気が侵入し胸部が広がっても肺が膨らまなくなる状態をいい，｜空気塞栓症｜は，肺胞の毛細血管から侵入した空気が，動脈系の末梢血管を閉塞することにより起こる」．

【答】（1）

Check!
> 浮上時の圧外傷 ➡ 気胸，空気塞栓症

■次の文は，**正しい（○）？**　それとも**間違い（×）？**

（1）潜降時の圧外傷は，潜降による圧力変化のために体腔の容積が増えることで生じ，中耳腔や副鼻腔あるいは面マスクの内部や潜水服と皮膚の間などで生じる．

（2）深さ 1.8 m のような浅い場所での潜水でも圧外傷が生じることがある．

（3）潜降時の耳の圧外傷を防ぐためには，耳栓をする．

解答・解説

(1) ×⇒**潜降時の圧外傷**は，潜降による圧力変化のために**体腔の容積が減る**ことで生じます．

(2) ○⇒圧外傷は，非常に小さな圧力差でも発生するので，深さ 1.8 m のような浅い場所での潜水でも生じることがあります．

(3) ×⇒耳栓をすると，**圧力の平衡化ができなくなる**ので，潜水に使用してはなりません．

応用問題 4 潜水によって生じる圧外傷に関し，次のうち正しいものはどれか．

(1) 圧外傷は，潜降・浮上いずれのときでも生じ，潜降時のものをブロック，浮上時のものをスクイーズと呼ぶ．

(2) 潜降時の圧外傷は，潜降による圧力変化のために体腔の容積が増えることで生じ，中耳腔や副鼻腔または面マスクの内部や潜水服と皮膚の間などで生じる．

(3) 浮上時の圧外傷は，浮上による圧力変化のために体腔の容積が減少することで生じ，副鼻腔や肺などで生じる．

(4) 浮上時の肺圧外傷は，気胸や空気塞栓症を引き起こすことがある．

(5) 浮上時の肺圧外傷を防ぐためには，息を止めたまま浮上する．

解 説 (1) 圧外傷は，潜降・浮上いずれのときでも生じ，潜降時のものを**スクイーズ**，浮上時のものを**ブロック**と呼びます．

(2) 潜降時の圧外傷は，潜降による圧力変化のために体腔の容積が**減る**ことで生じ，中耳腔や副鼻腔または面マスクの内部や潜水服と皮膚の間などで生じます．

(3) 浮上時の圧外傷は，図のように浮上による圧力変化のために体腔の容積が**増加**することで生じ，副鼻腔や肺などで生じます．

(5) 浮上時の肺圧外傷を防ぐためには，**常に息を吐きながら浮上**します．

【答】(4)

2章 高気圧障害の種類と症状および対策

Check!

浮上時 ➡ 常に息を吐きながら浮上する

2-3. 潜水器具による傷害と予防

潜水器具による傷害の原因と症状，予防法と処置について学習します．

ポイント

◎ 潜水器具による傷害の原因と症状

素潜り，ヘルメット式潜水，スクーバ式潜水での潜水器具による傷害の原因と症状は，下表のとおりです．

潜水区分	障害の原因	症　状
素潜り	**急速な潜降**によって面マスクと潜水者の間の空間が外側の水圧より低くなる．	装着部分に皮下出血を起こす．
ヘルメット式潜水	**潜水墜落したときや送気が止まって逆止弁がきかなくなった場合，ヘルメットと潜水者の間の空間が外側の水圧より低くなる．**	**締付け傷害（スクイーズ）**を起こすと血液が圧力の低い頭部に押し込まれ，**頭全体がはれ上がって皮下出血により赤黒く**なる．ひどい傷害では眼球が飛び出したり，胸が押し潰されたりする．
スクーバ式潜水	**急速な潜降**によって潜水器具と潜水者の間の空間が外側の水圧より低くなる．	装着部分に皮下出血を起こす．

◎ 潜水器具による傷害の予防法と処置

潜水区分	予防法	処　置
素潜り	急速な潜降を避ける．	・患部を冷やす． ・重症時には，医師の手当てを受ける．
ヘルメット式潜水	①潜水前に逆止弁の作動を確認する． ②予定潜水深度に対する送気能力を確認しておく． ③潜降索を使用する．	
スクーバ式潜水	潜降の際に，鼻から面マスクに空気を送り，外の水圧とマスク内の空気圧を同じにする（マスクの圧平衡）．	

▼ マスクの圧平衡

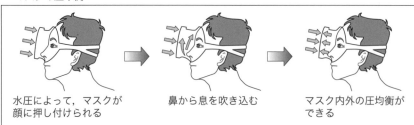

水圧によって，マスクが顔に押し付けられる　　鼻から息を吹き込む　　マスク内外の圧均衡ができる

基本問題 潜水器具によるスクイーズの原因などに関する次の記述のうち，誤っているものはどれか．
(1) スクイーズは潜水ヘルメットや面マスク内の空気圧が外の水圧より高くなると起こる．
(2) ヘルメット式潜水では，浮力の不足による潜水墜落で起こることが最も多い．
(3) ヘルメット式潜水では，送気が不十分になったり，送気がまったく止まってしまったりした状態のとき，逆止弁が作用しないときに生じる．
(4) スクーバ式潜水では，急速に潜降したときに生じることがある．
(5) ヘルメット式潜水においてスクイーズを起こすと，血液の圧力が頭部に押し込まれるので，頭全体が膨れ上がって皮下出血を生じる．

解 説 スクイーズは，水圧による障害の代表的なもので，**潜水ヘルメットや面マスク内の空気圧が外側の水圧より低くなったとき**に起こります．

【答】(1)

Check!
☑ スクイーズ ➡ 空気圧が外側の水圧より低いとき

応用問題 潜水器具による締付け傷害（スクイーズ）に関する次の記述のうち，誤っているものはどれか．
(1) スクイーズは，潜水器具と潜水者の体との間の空間が，外側の水圧より低くなったときに起きる．
(2) 皮下出血が生じたときは患部を冷やし，重症の場合には医師の手当てを受ける．
(3) スクーバ式潜水では潜降の際，マスクに鼻から空気を送る．
(4) ヘルメット式潜水では，浮力過剰や排気弁の操作が遅れたときに起こる．
(5) ヘルメット式潜水では，潜水前に逆止弁や送気能力を確認し，潜降索を使って潜降することで予防できる．

解 説 ヘルメット式潜水では，送気量不足や排気弁の操作失敗により起こります．

【答】(4)

Check!
☑ 送気量不足や排気弁の操作失敗 ➡ スクイーズ

2章
高気圧障害の種類と症状および対策

2-4. 酸素中毒による障害と予防

酸素中毒による障害の原因と症状，予防法と処置について学習します．

ポイント

◎ 酸素中毒による障害の原因と症状

　人体にとって酸素は不可欠な気体です．しかし，酸素が多すぎると毒性のため，下表のような酸素中毒状態となります．酸素中毒は，**暑いとき**，**寒いとき**，**二酸化炭素の多いとき**などに起こりやすくなります．

　酸素中毒には，脳に障害を生じる中枢神経型と胸部の痛みや肺，気管支などに炎症を起こす肺型があります．

▼ 酸素中毒の種類

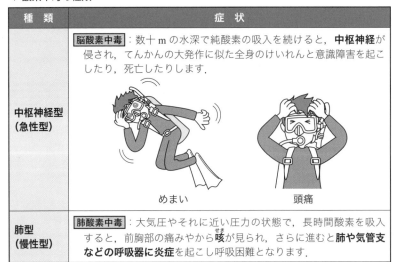

種　類	症　状
中枢神経型 （急性型）	脳酸素中毒：数十 m の水深で純酸素の吸入を続けると，**中枢神経が**侵され，てんかんの大発作に似た全身のけいれんと意識障害を起こしたり，死亡したりします． めまい　　　　　頭痛
肺型 （慢性型）	肺酸素中毒：大気圧やそれに近い圧力の状態で，長時間酸素を吸入すると，前胸部の痛みやから咳が見られ，さらに進むと**肺や気管支などの呼吸器に炎症**を起こし呼吸困難となります．

◎ 酸素中毒による障害の予防法と処置

① 　酸素潜水をしない．急性型の酸素中毒を起こしたときには直ちに浮上する．ただし，呼吸が止まっているときには，肺破裂や合併症を起こさないように注意する．

② 　空気や呼吸用混合ガスの酸素分圧が，最大潜水深度で 0.15 MPa を超えないようにする．

③　慢性酸素中毒の防止のため，酸素ばく露量は UPTD 値で 1 日 600 以内，1 週間 2 500 以内とする.

④　けいれんが起きたときには，口に布などをかませる.

⑤　慢性型の酸素中毒になった場合には，しばらく潜水を止める.

基本問題 潜水業務における酸素中毒に関し，次のうち誤っているものはどれか.

(1) 酸素中毒は，通常よりも酸素分圧が高いガスを呼吸すると起こる.

(2) 酸素中毒は，呼吸ガス中に二酸化炭素が多いときには起こりにくい.

(3) 酸素中毒は，肺が冒される肺酸素中毒と，中枢神経が侵される脳酸素中毒に大別される.

(4) 肺酸素中毒の症状は，軽度の胸部違和感，咳（せき），痰（たん）などが主なもので，致命的になることは通常は考えられないが，肺活量が減少することがある.

(5) 脳酸素中毒の症状の中には，けいれん発作があり，これが潜水中に起こると致命的になる.

解説　酸素が多すぎると，毒性のため酸素中毒状態となります．酸素中毒は, 水中や寒暑の折や, 呼吸ガス中に二酸化炭素が多いときに起こりやすいです.

【答】(2)

2章
高気圧障害の種類と症状および対策

Check!
酸素中毒 ➡ 酸素や二酸化炭素の多すぎ

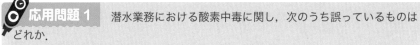

応用問題 1　潜水業務における酸素中毒に関し，次のうち誤っているものはどれか.

(1) 酸素中毒は，中枢神経が侵される脳酸素中毒と肺が侵される肺酸素中毒に大きく分けられる.

(2) 脳酸素中毒の症状には，吐き気やめまい，耳鳴り，筋肉の震えなどがあり，特にけいれん発作が潜水中に起こると致命的になる.

(3) 肺酸素中毒の症状は，軽度の胸部違和感，咳（せき），痰（たん）などが主なもので，致命的になることは通常は考えられないが，肺活量が減少することがある.

(4) 脳酸素中毒は，50 kPa 程度の酸素分圧の呼吸ガスを長時間呼吸したときに生じ，肺酸素中毒は 140〜160 kPa 程度の分圧の酸素に比較的短時間ばく露されたときに生じる.

(5) 炭酸ガス中毒を来すと，酸素中毒に罹患（り）しやすくなるとされている.

解説　肺酸素中毒は，50 kPa 程度の酸素分圧の呼吸ガスを長時間呼吸したときに生じ，脳酸素中毒は 140〜160 kPa 程度の分圧の酸素に比較的短時間ばく露されたときに生じます.　　　　　　　　　　　　　　　　　　　　　【答】(4)

Check!
☑　肺酸素中毒 ➡ 低い分圧　　脳酸素中毒 ➡ 高い分圧

応用問題2　潜水業務における酸素中毒および低酸素症に関し，次のうち誤っているものはどれか.

(1) 酸素中毒は，酸素分圧の高いガスの吸入によって生じる症状で，呼吸ガス中に二酸化炭素が多いときには起こりにくい.

(2) 肺酸素中毒の症状は，軽度の胸部違和感，咳，痰などが主なもので，致命的になることは通常は考えられないが，肺活量が減少することがある.

(3) 脳酸素中毒の症状には，吐き気やめまい，耳鳴り，筋肉の震えなどがあり，特にけいれん発作が潜水中に起こると致命的になる.

(4) 大深度潜水では，地上の空気より酸素濃度を低くした混合ガスを用いることがあるが，低酸素症は，このようなガスを誤って浅い深度で呼吸した場合に起こることがある.

(5) 低酸素症では，意識障害が初発症状であることが多いため，いったん発症してしまうと自力ではほとんど対処することができず，最悪の場合には溺れてしまうことになる.

解説　酸素中毒は，水中や寒暑の折とか呼吸ガス中に二酸化炭素が多いときに起こりやすくなります.　　　　　　　　　　　　　　　　　　　　　【答】(1)

Check!
☑　低酸素症 ➡ 呼吸ガス中の酸素が欠乏し，低酸素状態

2-5. 一酸化炭素中毒による障害と予防

一酸化炭素中毒による障害の原因と症状，予防法と処置について学習します．

ポイント

◎ 一酸化炭素中毒による障害の原因と症状

　送気用圧縮機の空気取入れ口の近くにエンジンの排気口があると排気ガスに含まれている一酸化炭素が供給空気に混入するおそれがあります．同様に，このような空気がボンベに混入した状態で潜水した場合も供給空気に一酸化炭素が多く含まれることになります．

▼一酸化炭素中毒の発生

> 呼吸ガス中の一酸化炭素が増加する
> ⬇
> 一酸化炭素ガスが赤血球中に含まれるヘモグロビンと結合する
> ⬇
> 一酸化炭素中毒が発生する

　一酸化炭素ガスが血液の赤血球に含まれる**ヘモグロビン**と強く結合して酸素運搬能力が奪われると「一酸化炭素中毒」になります．

〈一酸化炭素による中毒症状〉

① 　頭重感，頭痛，嘔気，嘔吐，めまい，倦怠感を感じる．
② 　重い場合には，意識が混沌として昏睡状態となる．

◎ 一酸化炭素中毒による障害の予防法と処置

① 　送気用圧縮機の空気取入れ口は，エンジンの排気ガスが入らないように風向きを考慮し，新鮮な空気を供給できるようにする．
② 　ボンベに臭いのあるときには，ボンベを取り替える．
③ 　一酸化炭素中毒の症状が軽いときには，安静にし保温を行う．
④ 　一酸化炭素中毒の症状が重いときには，人工呼吸，酸素吸入，高圧酸素療法などを行う．

2章
高気圧障害の種類と症状および対策

基本問題 潜水業務における二酸化炭素中毒，一酸化炭素中毒に関し，次のうち誤っているものはどれか．

(1) ヘルメット式潜水で二酸化炭素中毒を予防するには，十分な送気を行う．

(2) 二酸化炭素中毒は，二酸化炭素が血液中の赤血球に含まれるヘモグロビンと強く結合し，酸素の運搬ができなくなるために起こる．

(3) 二酸化炭素中毒の症状には，頭痛，めまい，体のほてり，意識障害などがある．

(4) エンジンの排気ガスが，空気圧縮機の送気やボンベ内の充填(てん)空気に混入した場合は，一酸化炭素中毒を起こすことがある．

(5) 一酸化炭素中毒の症状は，頭重感，頭痛，吐き気，倦(けん)怠感などのほか，重い場合には意識の混濁，昏(こん)睡状態などを生じる．

解 説 「**一酸化炭素中毒**」は，**一酸化炭素ガス**が血液の赤血球に含まれる**ヘモグロビン**と強く結合し，酸素の運搬ができなくなるために起こります．

【答】(2)

Check!
☑ 一酸化炭素中毒 ➡ ヘモグロビンが関与する

応用問題 一酸化炭素中毒に関する次の記述のうち，誤っているのはどれか．

(1) 一酸化炭素中毒にかかると頭重感，頭痛，嘔気，嘔吐，めまい，倦怠感を感じる．

(2) 重い一酸化炭素中毒にかかると意識が混沌とし昏睡状態となる．

(3) 送気用圧縮機の空気取入れ口の近くにエンジンの排気口があると排気ガスに含まれている一酸化炭素が供給空気に混入するおそれがある．

(4) 一酸化炭素の含有比率の多い空気がボンベに混入した状態で潜水した場合，一酸化炭素中毒にかかる危険がある．

(5) 一酸化炭素中毒の症状が軽い場合には，安静にして頭を冷やす．

解 説 一酸化炭素中毒の症状が軽いときには，**安静にし保温**を行います．また，症状が重いときには，人工呼吸，酸素吸入，高圧酸素療法などを行います．

【答】(5)

Check!
☑ 症状の軽い一酸化炭素中毒 ➡ 安静にして保温

3編 高気圧障害

2-6. 二酸化炭素中毒による障害と予防

二酸化炭素中毒による障害の原因と症状，予防法と処置について学習します．

◎ 二酸化炭素（炭酸ガス）中毒による障害の原因と症状

潜水者への供給空気量が不足すると，肺での換気やガス交換機能が低下し，体内に二酸化炭素が蓄積します．また，水深30mを超える潜水では空気密度の増大で気道抵抗が増え，肺での換気機能が低下し，体内に二酸化炭素が蓄積します．

〈二酸化炭素蓄積による中毒症状〉

① 呼吸が深く，回数も増加する（呼吸の促進）．

② 空気の飢餓感が激しくなる．

③ 頭痛，めまい，嘔気が起こる．

④ **異常な発汗や顔面の紅潮**が起こる．

⑤ 意識障害を起こす．

▼ 二酸化炭素中毒の発生

> 常圧下での二酸化炭素の分圧は0.04kPaと小さい
>
> ⬇
>
> 供給空気量の不足や深度の大きい潜水では二酸化炭素の分圧が増加する
>
> ⬇
>
> 二酸化炭素中毒が発生する
>
> ⬇
>
> **酸素中毒，窒素酔い，減圧症に**かかりやすくなる

◎ 二酸化炭素中毒による障害の予防法と処置

① ヘルメット式潜水では，規定による十分な送気を行う．

② 送気用圧縮機の空気取入れ口は，エンジンの排気などの有害ガスが入らないように風向きを考慮して位置を決める．

③ 送気する空気は，空気清浄装置を通す．

④ デマンドレギュレータ方式の潜水では，ゆっくりと深く呼吸し，呼吸が苦しい場合には浮上する．

⑤ 呼吸が弱ったり止まっている場合には，人工呼吸をすぐに実施する．心臓が停止しているときは，さらに心臓マッサージをする．

⑥ 二酸化炭素中毒の症状が重いときには，医師の診療を受ける．

基本問題 二酸化炭素中毒に関する次の記述のうち，誤っているのはどれか．

(1) 二酸化炭素の蓄積は，酸素中毒・窒素酔い・減圧症にかかりやすくなる．

(2) 呼吸中の二酸化炭素が増えると，まず呼吸が浅くなり回数も減る．

(3) スクーバ式潜水の場合，ゆっくりと深く呼吸するように心掛ける．

(4) 水深が 30 m 以上になると，気道抵抗が増し，肺の換気が不十分になるので，二酸化炭素がたまりがちとなる．

(5) 送気量が不足すると，二酸化炭素ガスが蓄積し，中毒になるおそれがある．

解 説 呼吸中の**二酸化炭素が増加すると，呼吸が深くなり回数も増加**します．　　　　　　　　　　　　　　　　　　　　　　　　　　　　【答】(2)

Check!
☑　　　　二酸化炭素の増加 ➡ 呼吸が深く回数が増加

 応用問題　　潜水業務における二酸化炭素中毒，一酸化炭素中毒に関し，次のうち誤っているものはどれか．

(1) ヘルメット式潜水で二酸化炭素中毒を予防するには，十分な送気を行う．

(2) 二酸化炭素中毒は，二酸化炭素が血液中の赤血球に含まれるヘモグロビンと強く結合し，酸素の運搬ができなくなるために起こる．

(3) 二酸化炭素中毒の症状には，頭痛，めまい，体のほてり，意識障害などがある．

(4) エンジンの排気ガスが，空気圧縮機の送気やボンベ内の充塡空気に混入した場合は，一酸化炭素中毒を起こすことがある．

(5) 一酸化炭素中毒の症状は，頭重感，頭痛，吐き気，倦怠感などのほか，重い場合には意識の混濁，昏睡状態などを生じる．

解 説　　(1) スクーバ式潜水では，潜水中にボンベ内の呼吸ガスの消費量を少なくする目的で，呼吸回数を故意に減らしたときなどに，二酸化炭素中毒が生じます．ヘルメット式潜水では，十分な送気を行わなかった場合に二酸化炭素濃度が高くなって中毒を起こすことがあります．

(2) **一酸化炭素中毒**は，**一酸化炭素ガス**が血液の赤血球に含まれる**ヘモグロビン**と強く結合し，酸素の運搬ができなくなるために起こります．

【答】(2)

Check!
　　　二酸化炭素が体内に蓄積 ➡ 酸素中毒，減圧症にかかる

2-7. 窒素酔いによる障害と予防

窒素酔いによる障害の原因と症状，予防法と処置について学習します．

ポイント

◎ 窒素酔いによる障害の原因と症状

潜水深度が **30〜40 m（0.3〜0.4 MPa）以上**になると，潜水者は酒に酔ったような「**窒素酔い**」の症状が見られます．これは，空気中の窒素分圧が高くなり，麻酔作用が現れることによります．

窒素酔いは，**深度の大きいほど，寒冷や疲労・不安によって，また体内に二酸化炭素の蓄積があるほ**ど起こりやすくなります．「窒素酔い」になると，**アルコールに酔ったときと同じように気分爽快となり，意味なく笑ったりし，健全な精神活動がしだい**

▼ 窒素酔い

に**鈍く**なります．さらに，水深 100 m 程度になると意識を失ってしまいます．

◎ 窒素酔いによる障害の予防法と処置

① 深度の大きい潜水をする場合には，事前に高圧タンクで圧ばく露を何度か実施し，窒素酔いに対する抵抗力をつけておく（再圧室を利用する）．

② スクーバ式潜水では，**水深 40 m を超えない**ようにする．

③ 深度の大きい潜水をする場合には，空気の代わりにヘリウム・酸素やヘリウム・窒素・酸素などの**ヘリウム混合ガスを使用**する．

④ 窒素酔いを起こした場合には，直ちに浮上する（短時間で症状は消失する）．

ひっかけ問題に注意

窒素酔いについて，以下のような内容を選んではなりません．

| 飲酒，疲労，不安などは，気が紛れるので窒素酔いを起こしにくい |

→正解は，「窒素酔いを起こしやすくなる」です．

| 送気する空気の温度や水温が高いと窒素酔いを起こしやすくなる |

→正解は，「窒素酔いの要因は寒冷」です．

基本問題 窒素酔いに関し，次のうち誤っているものはどれか．

(1) 体内に二酸化炭素の蓄積があるときは，窒素酔いにかかりやすくなる．
(2) 窒素酔いは，窒素の麻酔作用が出現して生じる．
(3) 窒素酔いにかかると，総じて気分が憂うつとなり，悲観的な考え方になるが，その症状には個人差もある．
(4) 空気潜水では，潜水深度 40 m 前後から窒素酔いが出現するようになる．
(5) 深い潜水における窒素酔いの予防のためには，呼吸ガスとして，空気の代わりにヘリウムと酸素の混合ガスなどを使用する．

解　説 窒素酔いにかかると，**気分が爽快**になり，総じて**楽観的あるいは自信過剰**になるが，その症状には個人差があります． 【答】(3)

Check!
☑ 窒素酔い ➡ 麻酔作用で意味なく笑い気分爽快

応用問題 窒素酔いに関し，次のうち誤っているものはどれか．

(1) 一般に，水深が 40 m 前後以上になると，酒に酔ったような状態の窒素酔いの症状が現れる．
(2) 潜水深度が深くなると，吸気中の窒素が酸化するため，窒素酔いが起きる．
(3) 飲酒，疲労，大きな作業量，不安などは，窒素酔いを起こしやすくする．
(4) 窒素酔いにかかると，気分が爽快となり，総じて楽観的あるいは自信過剰になるが，その症状には個人差もある．
(5) 窒素酔いが誘因となって正しい判断ができず，重大な結果を招くことがある．

解　説 **潜水深度が 30〜40 m 以上**になると，**空気中の窒素分圧が高く**なり，**窒素酔い**の症状が見られます． 【答】(2)

Check!
☑ 深い潜水深度 ➡ 空気中の窒素分圧が高くなる

2-8. 肺破裂と予防

浮上時の肺破裂の原因と症状，予防法と処置について学習します．

◎ 肺破裂の原因と症状

〈肺破裂の原因〉

　水深 3 m 程度の浅い箇所であっても，早すぎる浮上や息を止めたままでの浮上を行うと肺の圧縮空気が膨張することによって**肺破裂**による死亡事故を招くおそれがあります．肺破裂は風邪をひいたり呼吸器に炎症を起こしているときや気管支喘息や肺嚢胞の人は起こしやすいです．

▼ 肺破裂の発生の進展

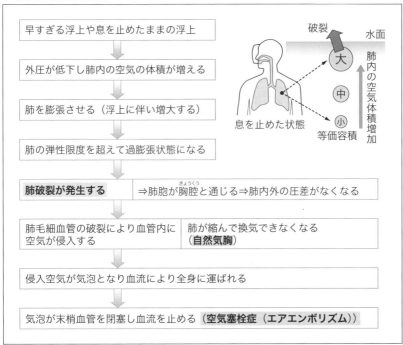

〈肺破裂の症状〉

① 胸部の圧迫感がある.

② 息切れ，咳，呼吸困難を起こす.

③ 喀痰が出る.

④ 皮膚気腫によって頸部がはれる.

⑤ 麻痺，脱力感がある（症状の重い場合）.

⑥ けいれんを起こす（症状の重い場合）.

⑦ 意識障害または喪失を起こす（症状の重い場合）.

◎ 肺破裂の予防法と処置

① **浮上速度を守り，常に息を吐きながら浮上**する.

② 処置として**頭を低く，また左胸が下**になるように寝かせる.

③ **酸素吸入**を行う.

④ 呼吸が止まっているときには人工呼吸を実施する.

⑤ 症状の重い場合には，医療機関で再圧治療を受ける.

基本問題 潜水によって生じる空気塞栓症に関し，次のうち誤っているもの
はどれか.

　(1) 空気塞栓症は，急浮上などによる肺の過膨張が原因となって発症する.

　(2) 空気塞栓症は，減圧による過飽和により発生した気泡が，心臓を介して動脈
　　　系の末梢血管を閉塞することにより起こる.

　(3) 空気塞栓症は，心臓においてはほとんど認められず，ほぼすべてが脳におい
　　　て発症する.

　(4) 空気塞栓症は，一般には浮上してすぐに意識障害やけいれん発作などの重篤
　　　な症状を示す.

　(5) 空気塞栓症を予防するには，浮上速度を守り，常に呼吸を続けながら浮上す
　　　る.

解　説　空気塞栓症は，**肺胞が破れて血管内に空気が入り，気泡となって心
臓を介し動脈系の末梢血管を閉塞する**ことにより起こります.

【答】(2)

Check!

空気塞栓症 ➡ 心臓を介し動脈系末梢血管を閉塞

応用問題 潜水によって生じる空気塞栓症（そく）に関し，次のうち誤っているものはどれか．

(1) 空気塞栓症は，急浮上などによる肺の過膨張が原因となって発症する．

(2) 空気塞栓症は，肺胞の毛細血管から侵入した空気が，心臓を介して動脈系の末梢血管を閉塞することにより起こる．

(3) 空気塞栓症は，脳においてはほとんど認められず，ほぼすべてが心臓において発症する．

(4) 空気塞栓症は，一般には浮上してすぐに意識障害やけいれん発作などの重篤な症状を示す．

(5) 空気塞栓症を予防するには，浮上速度を守り，常に息を吐きながら浮上する．

解　説　空気塞栓症のほとんどは脳で発症します．

空気過膨張が進み肺胞を壊す力が働いたときに，肺胞の毛細血管に空気が混入し，肺静脈→左心房→左心室から脳へ空気の泡が運ばれ脳内で空気塞栓が起きてしまいます．　【答】(3)

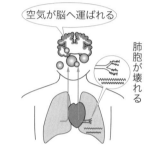

空気が脳へ運ばれる

肺胞が壊れる

Check!

空気塞栓症 ➡ 発症箇所は心臓より脳に多い

2章

高気圧障害の種類と症状
および対策

2-9. 減圧症と予防

減圧症は，最も出題頻度が高い分野です．確実に学習しておきましょう．

ポイント

◎ 減圧症の原因と症状

〈減圧症の原因〉

　潜水中は水の重みで潜水者の体にかかる圧力が増し，呼吸をするために同じ圧力で空気が供給されます．この高い圧力の下で，供給される窒素は体内の血液中に溶け込みます．潜水者が長時間または深い場所で潜水作業をした後，急激に浮上すると，減圧によって体内に溶けていた窒素が気泡となって出てきます．

参考1　ヘンリーの法則より，潜水時に高圧空気を呼吸すると人体に溶け込む**窒素の量も潜水深度に比例して増加**する．

参考2　**潜水時と浮上時の窒素分圧の影響**

　潜水時：潜降とともに窒素の分圧が上昇し，窒素が 外気 → 肺 → 血液 → 組織 の経路で体内に吸収され溶け込んでいく．

　浮上時：浮上とともに窒素の分圧が下降し，組織に溶け込んだ窒素が 組織 → 血液 → 肺 → 外気 の経路で，体内外の窒素分圧が等しくなるまで体外に排出されていく．

　急激な浮上時：窒素の排出が追いつかないため過飽和状態となり，さらに進展すると窒素ガスが遊離し気泡を作る．流血中に気泡が発生すると血液の循環を阻害し**減圧症**にかかる．

〈減圧症に関係する要因〉

減圧症にかかるかどうかは，下表のような要因が影響します．

▼ 減圧症のかかりやすさの要因

要　因	かかりやすい条件
① 潜水深度と時間	水深 10 m 以上で深く長く潜水する
② 浮上方法	急激な浮上や潜水深度・時間から見て不適切な浮上をする
③ 潜水回数	1 日の繰返し潜水回数が多い
④ 個人差と日差	人によって，日によって異なる
⑤ 年　齢	高年齢である
⑥ 体　格	太っている

▼ 減圧症のかかりやすさの要因（つづき）

要　因	かかりやすい条件
⑦ 体　調	二日酔い，疲労状態，脱水状態である
⑧ 外傷と疾患	関節部の打撲傷や運動器疾患がある
⑨ 温　度	寒冷である
⑩ 作業と運動	**潜水中の作業が激しく潜水後に運動をする**
⑪ 空気の供給量	空気の供給が不足して体内に二酸化炭素がたまる
⑫ 適応現象	同一深度・時間での潜水を日々繰り返す

〈減圧症の症状〉

　減圧症の発症は，**通常，浮上後 24 時間以内**に現れます．浮上の数時間以内に手足の関節部が痛くなる，息が詰まる，体がきかなくなるといった症状が現れ，**6 時間以上経過してからの発症率は 1 % 程度**です．

　減圧症は侵される部分によって病型が分類され，病型に対応した主な症状は，次のようになります．

▼ 減圧症の病型と主な症状

<table>
<tr><th colspan="2">減圧症の病型</th><th>主な症状</th></tr>
<tr><td rowspan="4">軽症
↕
重症</td><td>皮膚型</td><td>ちくちく刺されるようなかゆみがある．</td></tr>
<tr><td>運動器型</td><td>**最も多く見られ**，四肢の関節や筋肉の痛みがある（特に，肩や肘の関節での症状が多くひどい場合には骨が壊死状態となる圧不良性骨壊死に至る）．</td></tr>
<tr><td>呼吸循環器型
（チョークス）</td><td>・息が詰まる感じの胸苦しさがある．
・ひどい場合には次のようなショック状態に進展する．
〈ステップ〉呼吸困難→胸苦しさ→顔面蒼白→皮膚が冷たくつやがなくなる→脈拍が早く，触れることのできないくらい弱くなる→血圧の急低下→致命的状態．</td></tr>
<tr><td>中枢神経型</td><td>運動麻痺，知覚障害，尿閉，めまい，嘔気，起立困難，腹痛などがある（**脳より脊髄が侵されることが多い**）．</td></tr>
</table>

 I 型減圧症：皮膚と痛みだけの減圧症
II 型減圧症：生命を脅かす危険性のある減圧症

◎ 減圧症の予防法と処置

①　潜水深度が大きくなるほど 1 回の潜水時間，1 日の潜水時間を短くする．

②　潜水深度と潜水時間に対応した段階式の浮上法によりゆっくりと浮上する．

2 章
高気圧障害の種類と症状および対策

③　短時間の頻繁な潜水を避け，深い潜水は１日１回とする．

④　浮上時の酸素呼吸をし，体内に溶け込んだ窒素ガスを洗い出し排出する．

⑤　浮上後速やかに超音波ドップラー法などにより体内気泡検査を実施する．

⑥　太りすぎや高齢者などの不適格者の潜水を避ける．

⑦　寒冷状況下では，保温力のある潜水服を使用する．

⑧　浮上後は安静を保ち，身体を暖め血行を良くする行為は避ける．

⑨　なるべく早く医師に連絡して再圧する．

⑩　口から多量の水分をとる．

⑪　重い症状の場合には，補液や薬物投与のための点滴が必要になり，早急に医師の診断を受ける．

 基本問題 減圧症に関し，次のうち誤っているものはどれか．

(1) 減圧症の発症は，通常，浮上後 24 時間以内であるが，長時間の潜水や飽和潜水では 24 時間以上経過した後でも発症することがある．

(2) 減圧症は，皮膚の痒（かゆ）みや関節の痛みなどを呈する比較的軽症な減圧症と，脳・脊髄（せき）や肺が侵される比較的重症な減圧症とに大別される．

(3) 減圧症は，規定の減圧表から大きく逸脱した無謀な減圧をすると発症する可能性が高くなるが，規定内の減圧であれば減圧症を発症することはない．

(4) 減圧症は，高齢者や最近外傷を受けた人，また，脱水症状のときなどに罹患（り）しやすい．

(5) 作業量が多く血流量の増える重筋作業の潜水では減圧症に罹患しやすい．

解　説　減圧症の罹患（り）には個人差など多くの因子が関与することから，規定の浮上時間を順守しても減圧症にかかることがあります．

【答】(3)

Check!　☑
減圧症 → 軽症：皮膚の痒（かゆ）みや関節の痛み
　　　　　重症：脳・脊髄や肺が侵される

応用問題 1　減圧症の原因となる体内への窒素の溶込みに関し，次のうち誤っているものはどれか．

(1) 潜水すると，水深に応じ呼吸する空気中の窒素分圧が上昇し，肺における窒素の血液への溶解量が増す．

(2) 血液に溶解した窒素は，血液循環により体内のさまざまな組織に送られ，そこに溶け込んでいく．

(3) 溶け込む窒素の量は，潜水深度が深くなればなるほど，また潜水時間が長いほど大きくなる．

(4) 浮上に伴って呼吸する空気の窒素分圧が低下すると，組織に溶け込んでいる窒素は，溶込みとは逆の経路で，体内外の窒素分圧が等しくなるまで体外へ排出される．

(5) 身体組織に溶け込んでいる窒素の排出が不十分な場合は，血管外の組織においては気泡をつくることはないが，血管中で気泡となって閉塞を起こす．

解　説　身体組織に溶け込んでいる窒素の排出が不十分な場合は，血管中はもちろん，血管外の組織（皮膚，関節，肺，脳などあらゆる組織）においても気泡をつくります．　　　　　　　**【答】(5)**

窒素の気泡
血管

Check!
☑ 減圧症での気泡の発生
　　→ 血管中と血管外の組織

応用問題2　減圧症に関し，次のうち誤っているものはどれか．

(1) 減圧症は，通常，浮上後24時間以内に発症するが，長時間の潜水や飽和潜水では24時間以上経過した後でも発症することがある．

(2) 減圧症は，関節の痛みなどを呈する比較的軽症な減圧症と，脳・脊髄や肺が侵される比較的重症な減圧症とに大別されるが，この重症の減圧症を特にベンズという．

(3) チョークスは，血液中に発生した気泡が肺毛細血管を塞栓する重篤な肺減圧症である．

(4) 減圧症の罹患には多くの因子が関与するので，規定の浮上時間を順守しても減圧症にかかることがある．

(5) 減圧症は，潜水後に航空機に搭乗したり，高所への移動などによって低圧にばく露されたときに発症することがある．

解　説　減圧症は，関節の痛みなどを呈する比較的軽症な減圧症と，脳・脊髄や肺が侵される比較的重症な減圧症とに大別され，**重症の減圧症**を**チョークス**といいます．　　　　　　　**【答】(2)**

2章

高気圧障害の種類と症状
および対策

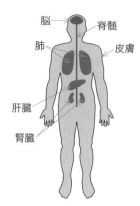

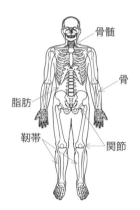

窒素が溶け込みやすい
（排出されやすい）

窒素が溶け込みにくい
（排出されにくい）

＊減圧症において，軽症，重症を示す部位と，それらに対する窒素の
溶け込みやすさの度合いは相関しません．

Check!
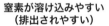

減圧症 ➡ （軽症）運動器型，（重症）チョークス

■次の文は，**正しい(〇)？　それとも間違い(×)？**

（1）皮膚の痒みや皮膚に大理石斑ができる症状はしばらくすると消え，より重い症状に進むことはないので特に治療しなくてもよい．

解答・解説

（1）×⇒皮膚の痒みや大理石斑ができる症状が出た場合，その後に重症な減圧症に発展する可能性があるため，直ちに治療を受ける必要があります．

2-10. 圧不良性骨壊死と予防

圧不良性骨壊死の原因と症状，予防法と処置について学習します．

ポイント

◎ 圧不良性骨壊死の原因と症状

圧不良性骨壊死は，**四肢の長骨**（上腕骨，大腿骨など）**が無菌性の壊死に至る**ことをいいます．

骨の中間部に生じたときには大したことはないが，肩関節や股関節の部分が侵された場合には，痛みや運動機能障害を伴います．この病変は，レントゲン検査での写真にも現れます．

圧不良性骨壊死の原因は不明な点が多いものの，次の場合に起こりやすいといわれています．

① 浮上方法が適切でない．

② 減圧症にかかっているのにきちんと治療しない．

③ 年齢が比較的高い．

◎ 圧不良性骨壊死の予防法と処置

① 浮上は慎重に実施する．

② 減圧症にかかったときには，確実に治療する．

③ 定期的に，肩，肘，股，膝関節のレントゲン検査を実施する．

④ 痛みや運動機能障害がひどいときには，手術を必要とする場合がある．

▼ 圧不良性骨壊死の起こりやすい箇所

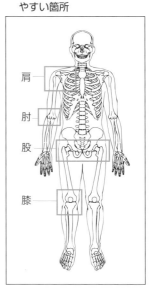

肩
肘
股
膝

2章

高気圧障害の種類と症状および対策

🚩 **基本問題** 圧不良性骨壊死に関する次の記述のうち，誤っているものはどれか．

(1) 年齢の高い人より比較的低い人のほうがかかりやすい．

(2) 減圧症を正しく治療していない人のほうがかかりやすい．

(3) 浮上方法を正しく行っていない人がかかりやすい．

(4) 上腕骨や大腿骨が侵されやすい．

(5) レントゲン検査での写真で病変を知ることができる．

解　説　圧不良性骨壊死は，高齢者のほうがかかりやすいです．

【答】（1）

Check!　☑
圧不良性骨壊死 ➡ かかりやすいのは高齢者

応用問題　潜水によって生じる骨壊死についての次の文中の□□□内に入れる A から C までの語句の組合せとして，正しいものは（1）～（5）のうちどれか．

「□A□に罹患した潜水作業者には，骨壊死が多く見られ，症状は発症の部位によって異なる．大腿骨などの長骨の幹の部分を骨幹部，その両端を骨端（骨頭）と呼び，大腿骨の□B□に発症した場合には歩行障害などを訴えることが多いが，□C□に発症した場合には大きな障害は見られない」．

	A	B	C
（1）	酸素中毒	骨幹部	骨端（骨頭）
（2）	酸素中毒	骨端（骨頭）	骨幹部
（3）	減圧症	骨幹部	骨端（骨頭）
（4）	低体温症	骨端（骨頭）	骨幹部
（5）	減圧症	骨端（骨頭）	骨幹部

解　説　骨壊死は，四肢の長骨（上腕骨，大腿骨など）が無菌性の壊死に至ることをいいます．**骨の中間部（骨幹部）に生じたときには大したことはない**が，肩関節や股関節の部分が侵された場合には，痛みや運動機能障害を伴います．

【答】（5）

Check!　☑
減圧症に罹患 ➡ 骨壊死が多く見られる

2-11. 低体温症と予防

低体温症の原因と症状，予防法と処置について学習します．

ポイント

◎ 低体温症の原因と症状

低水温の水中に入って，**体温が 35 ℃ 以下になると低体温症**という異常状態が出現し，以下の順で症状が重くなっていきます．

① 露出した手足の先端や耳たぶなどがかじかみ，紫色や蒼白となる．

② 協調運動が困難となり，細かい仕事ができなくなる．

③ 錯乱，無関心，無気力などに陥り，意識を失ってしまう．

④ 脈拍が弱くなり，心臓および呼吸が停止する．

◎ 低体温症の予防法と処置

① ドライスーツやウェットスーツを着用して身体を冷やさないようにする．

② 濡れた衣服を脱がせ，乾いた毛布や衣服で覆う．

③ 必要により人工呼吸と心臓マッサージを実施する．

④ 風呂などで身体を温めたり，温かい飲み物を与える．

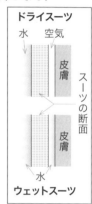

基本問題 低体温症と予防法・処置に関する次の記述のうち，誤っているものはどれか．

(1) 低水温の場合，同一温度の大気中と比べ熱容量が大きく熱の良導体であるため人体は冷却されやすく，水温 20 ℃ 以下では潜水服の着用が必要である．

(2) 低水温の水中に入って，体温が 35 ℃ 以下に下がると低体温症という異常状態が出現する．

(3) 低体温症の症状は露出した手の先がかじかみ，蒼白となり，全身に震えが生じて錯乱無気力に陥り，意識を失い，ついには心臓も停止する．

(4) 患者を冷水から引き上げ，服を脱がして風呂などで全身を温める．

(5) 温かい飲み物を与える．アルコール性の飲料は特に効果がある．

解 説 低体温症の人にアルコール性飲料を与えると，皮膚の血管を拡張させ，さらに体温を奪ってしまう．このため，アルコール性の飲料を与えてはなりません．

【答】(5)

Check!

低体温症 ➡ アルコール性飲料は禁止

2章 高気圧障害の種類と症状および対策

2-12. 潜水業務における健康管理

学習ガイド 潜水者の健康管理について，病者については就業が禁止されていますが，どのような疾病がこれに該当するのかを知っておくことが大切です．

ポイント

◎ 健康診断の実施

潜水業務は，一般の業務と違い潜水による人体への影響を短時間だけでなく，潜在的に長時間にわたって受けやすくなります．

このため，一般健康診断に加えて，雇い入れ時，配置換えの際，6か月以内ごとに1回，定期的に特殊健康診断を行うよう高圧則（高気圧作業安全衛生規則）で定められています．

◎ 病者の就業禁止

高圧則では，潜水環境で病状の悪化するおそれのある疾病や，高気圧障害，潜水による障害を誘発するおそれのある疾病にかかっている人の潜水業務への就業を禁止しています．これらの疾病などの概要は下記のとおりです．

① **減圧症**その他高気圧による障害またはその後遺症
② **肺結核**その他呼吸器の結核または急性上気道感染，じん肺，**肺気腫**その他呼吸器系の疾病
③ **貧血症，心臓弁膜症**，冠状動脈硬化症，**高血圧症**その他血液または循環器系の疾病
④ 精神神経症，**アルコール中毒**，**神経痛**その他精神神経系の疾病
⑤ **メニエル氏病**または**中耳炎**その他耳管狭さくを伴う耳の疾病
⑥ **関節炎，リウマチス**その他運動器の疾病
⑦ **ぜんそく，肥満症，バセドー氏病**その他アレルギー性，内分泌系，物質代謝または栄養の疾病

◎ 個人の健康管理

潜水者は，自分の健康状態を把握して無理をしないことが最も大切です．また，潜水による健康障害の防止のため，バランスのとれた食事をすること，規則正しい生活をすること，適切な運動をすることが重要です．

基本問題 潜水業務への就業が禁止されている疾病に該当しないものは，次のうちどれか．
(1) 貧血症 　　 (2) 胃　炎 　　 (3) 心臓弁膜症
(4) 関節炎 　　 (5) 肺気腫

解　説 消化器官や排泄器官の疾病は就業禁止の対象とはなっていません．胃炎は消化器官の疾病です．

【答】(2)

Check!

☑ 消化器官の疾病（胃炎）
　 ➡ 就業禁止ではない

▼ 消化器官の位置と名称

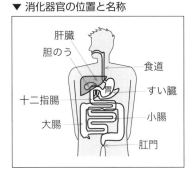

肝臓
胆のう
食道
すい臓
胃
十二指腸
小腸
大腸
肛門

応用問題 1 潜水業務への就業が禁止されている疾病に該当しないものは，次のうちどれか．
(1) 貧血症 　　 (2) アルコール中毒 　　 (3) メニエル氏病
(4) バセドー氏病 　　 (5) 胃下垂

解　説 消化器官や排泄器官の疾病は就業禁止の対象とはなっていません．胃下垂は消化器官の疾病です． 【答】(5)

Check!

☑ 胃炎・胃下垂 ➡ 消化器官の疾病

応用問題 2 潜水業務への就業が禁止されている疾病に該当しないものは，次のうちどれか．
(1) 貧血症 　　 (2) 色覚異常 　　 (3) アルコール中毒
(4) リウマチス 　　 (5) 肥満症

解　説 色覚異常も就業禁止の対象とはなっていません．

【答】(2)

Check!

☑ 目に関するもの ➡ 就業禁止の疾病ではない

2章

高気圧障害の種類と症状
および対策

175

応用問題 3 潜水作業者の健康管理に関し，次のうち誤っているものはどれか．

(1) 潜水作業者に対する健康診断では，圧力の作用を大きく受ける耳や呼吸器などの検査のほか，必要な場合は，作業条件調査を行う．

(2) 胃炎が，潜水業務に就業することが禁止される疾病に該当しない．

(3) 肥満症は，潜水業務に就業することが禁止される疾病に該当しない．

(4) アルコール中毒は，潜水業務に就業することが禁止される疾病に該当する．

(5) 減圧症の再圧治療が終了した後しばらくは，体内にまだ余分な窒素が残っているので，そのまま再び潜水すると減圧症を再発するおそれがある．

解 説 肥満症は，潜水業務に就業することが禁止される疾病に該当します．

【答】(3)

Check!

☑ ぜんそく，肥満症，バセドー氏病 ➡ 就業禁止

 応用問題 4 潜水作業者の健康管理に関し，次のうち誤っているものはどれか．

(1) 潜水作業者に対する健康診断項目には，四肢の運動機能の検査のほか，関節部のエックス線直接撮影による検査が含まれる．

(2) 近視である者は，潜水業務に就業することを禁止する必要はない．

(3) メニエル氏病にかかっている者は，潜水業務に就業することを禁止する必要がある．

(4) ぜんそくにかかっている者は，潜水業務に就業することを禁止する必要がある．

(5) 減圧症の再圧治療が終了した後は，体内の過剰な窒素はすべて消失しているので，治療後はすぐに潜水業務に従事させてもよい．

解 説 減圧症の再圧治療が終了した後しばらくは，体内にまだ余分な窒素が残っているので，そのまま再び潜水すると減圧症を再発するおそれがあります．

このため，減圧症などが治ったと思われても，潜水業務への就業の可否は，医師の判断により決定すべきです．

【答】(5)

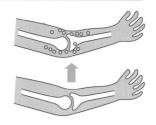

Check!

☑ 再圧治療後の就業可否 ➡ 医師の判断が必要

3章 ○ 救急処置

3-1. 救急処置としての心肺蘇生法

学習ガイド

潜水者の呼吸や心臓が止まるという生命の危険状態に陥ったときには，直ちに冷静な判断のもとに「心肺蘇生法（CPR）」を実施する必要があります．心肺蘇生法は3分が勝負といわれており，ここでは，心肺蘇生法の概要について学習します．

ポイント

◎ **心肺蘇生法**（CPR：Cardio Pulmonary Resuscitation）

潜水者の呼吸や心臓が止まると脳への酸素の供給が遮断されるので，数分以内に生命が断たれる危険状態に陥ります．したがって，このような危機状態では，直ちに心肺蘇生法を実施し，潜水者の一命を救う必要があります．

救急蘇生の ABC は，次のとおりです．

A：気道（Airway）	気道確保
B：呼吸（Breathing）	人工呼吸
C：循環（Circulation）	胸骨圧迫（心臓マッサージ）

◎ **心肺蘇生法の手順**

潜水者の心肺蘇生法の実施手順は，AHA の救命ガイドラインに基づき，C → A → B の順に行います．

> 1. 胸骨圧迫（心臓マッサージ）→ 2. 気道確保 → 3. 人工呼吸

① **反応の確認**：被災者の肩を軽くたたきながら大声で呼びかけ，何らかの応答や仕草で反応の有無を確認します．

② **呼吸の確認**：呼吸の確認には，10秒以上かけないようにします．

③ **心臓マッサージ**：心臓が止まっている場合には，次のような症状が現れます．
- 頸動脈，股動脈に触れても脈拍を感じない．
- 相手の胸に耳を当てても心音が聞こえない．
- チアノーゼ（顔色が青く，または灰青色になる）を起こす．
- 瞳孔が大きく広がったままである．

心臓マッサージを3～4分以内に開始しないと，例え救済できても神経障害が残り，8分以上も経過すると救済は難しくなります．このため，直ちに心臓マッサージを実施します．

④ **気道確保**：舌根の落込みの防止や異物の除去などを行います．

［**舌根の落込みの防止**］意識がなくなると気道が塞がれ窒息状態となります．救済のためには，次の手順をとります．

被災者のそばにしゃがんで両膝をつく

→ 右手を額から前頭部に当て，左手を顎の先端に当て顎を上に引き上げる

→ 同時に右手で額を下へ押して頭部を下げて顎を上げた状態にする

［**異物の除去**］口の中の嘔吐物が固形の異物であるときには，指先をかぎ状にしてかき出すかつまみ出します．

口の中に流動物があるときには，気管に流れ込み気道閉塞や肺炎を起こすので，口の中から流動物が出やすいよう顔を横に向けます．下側の口角で頬の内側に人差し指を入れてかき出します．

▼ 舌根の落込み防止

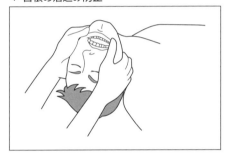

▼ 異物の除去

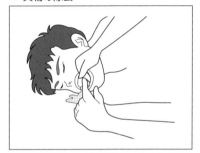

⑤ **人工呼吸**：呼吸は止まっているが心臓が動いているときには，人工呼吸により呼吸を再開させます．人工呼吸として，口対口呼気吹込み法（マウス・ツー・マウス）により実施します．

注意 心臓が止まっている場合には，呼吸も止まっています．

救助者が1人の場合には，1人で〈心臓マッサージ＋人工呼吸〉の組合せで実施します．救助者が多い場合には，2人1組となり，1人は人工呼吸，他の1人は心臓マッサージを分担し，〈心臓マッサージ＋人工呼吸〉の組合せで実施します．

基本問題 一次救命処置に関し，次のうち正しいものはどれか．

(1) 気道を確保するためには，仰向けにした傷病者のそばにしゃがみ，後頭部を軽く上げ，顎を下方に押さえる．

(2) 胸骨圧迫を行うときは，傷病者を柔らかいふとんの上に寝かせて行う．

(3) 人工呼吸と胸骨圧迫を行う場合は，人工呼吸1回に胸骨圧迫10回を繰り返す．

(4) 胸骨圧迫は，胸が5cm沈む強さで胸骨の下半分を圧迫し，1分間に100回のテンポで行う．

(5) AED（自動体外式除細動器）を用いて救命処置を行う場合には，人工呼吸や胸骨圧迫は，一切行う必要がない．

解　説 心肺蘇生，**AED による除細動**，**気道異物除去**の三つを合わせて一次救命処置といいます．

(1) 気道を確保するためには，**仰向けに寝かせた傷病者の顔を横から見る位置に座り，片手で傷病者の額を押さえながら，もう一方の手の指先を傷病者の顎の先端に当てて持ち上げ**ます．

(2) 胸骨圧迫は，傷病者を**平らな堅い床面に寝かせて**行います．

(3) 潜水者の心肺蘇生法の実施手順は，AHA 救助ガイドラインに基づき，次の手順で行います．

①胸骨圧迫（心臓マッサージ）
→ ②気道確保 → ③人工呼吸

人工呼吸と胸骨圧迫を行う場合は，**胸骨圧迫30回に人工呼吸2回を繰り返し**ます．

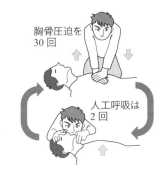

胸骨圧迫を
30 回

人工呼吸は
2 回

(5) AED（自動体外式除細動器）を用いて救命処置を行う場合には，AED が到着するまで**胸骨圧迫と人工呼吸のサイクルを繰り返し**ます．　**【答】**(4)

Check!

胸骨圧迫 ➡ 5cm 沈む強さで1分間 100 回

 応用問題 1 一次救命処置に関し，次のうち誤っているものはどれか．

(1) 傷病者の反応の有無を確認し，反応がない場合には，大声で叫んで周囲の注意を喚起し，協力を求める．

(2) 傷病者に反応がない場合は，頭部後屈顎先挙上法によって気道の確保を行う．

3章

救
急
処
置

(3) 胸と腹部の動きを観察し，胸と腹部が上下に動いていない場合，良く分からない場合には，心肺停止と見なし，心肺蘇生を開始する．

(4) 心肺蘇生は，人工呼吸 2 回に胸骨圧迫 30 回を交互に繰り返して行う．

(5) 胸骨圧迫は，胸が 5 cm 沈む強さで胸骨の下半分を圧迫し，1 分間に約 60 回のテンポで行う．

解 説 胸骨圧迫は，胸が 5 cm 以上沈む強さで胸骨の下半分を圧迫し，1 分間に 100 回以上の割合で繰り返します． **【答】(5)**

Check!
✓ 胸骨圧迫のテンポ → 1 分間に 100 回以上

応用問題 2 　一次救命処置に関し，次のうち正しいものはどれか．

(1) 気道を確保するためには，仰向けにした傷病者のそばにしゃがみ，後頭部を軽く上げ，顎を下方に押さえる．

(2) 呼吸を確認して普段どおりの息（正常な呼吸）がない場合や約 10 秒間観察しても判断できない場合は，心肺停止とみなし，心肺蘇生を開始する．

(3) 胸骨圧迫と人工呼吸を行う場合は，胸骨圧迫 10 回に人工呼吸 1 回を繰り返す．

(4) 胸骨圧迫は，胸が少なくとも 5 cm 沈む強さで胸骨の下半分を圧迫し，1 分間に約 60 回のテンポで行う．

(5) AED（自動体外式除細動器）を用いて救命処置を行う場合には，人工呼吸や胸骨圧迫は，一切行う必要がない．

解 説 (1) 気道を確保するためには，**仰向けに寝かせた傷病者の顔を横から見る位置に座り，片手で傷病者の額を押さえながら，もう一方の手の指先を傷病者の顎の先端に当てて持ち上げ**ます．

(3) 胸骨圧迫と人工呼吸を行う場合は，**胸骨圧迫 30 回に人工呼吸 2 回を繰り返し**ます．

(4) 胸骨圧迫は，胸が少なくとも 5 cm 沈む強さで胸骨の下半分を圧迫し，**1 分間に 100 回以上のテンポ**で行います．しゃくりあげるような途切れ途切れの呼吸が見られる場合は，心停止の直後に見られる死戦期呼吸と判断し，胸骨圧迫を開始します．

(5) AED（自動体外式除細動器）を用いて救命処置を行う場合には，AED が到着するまで**胸骨圧迫と人工呼吸のサイクルを繰り返し**ます． **【答】(2)**

AEDの電源オン	電極パッドを貼る	傷病者から離れる	電気ショックを与える
電源を入れ，音声メッセージに従います．	電極パッドを負傷者の胸に貼り付けます．	負傷者に触れると心電図の正しい解析ができません．	電気ショックが必要と判断されたときは，通電ボタンを押すよう機械から指示が出るので，指示に従って通電ボタンを押します．

Check!
☑ 呼吸の確認 ➡ 10秒以上かけないようにする

応用問題3 一次救命処置に関する次の記述のうち，誤っているものはどれか．

(1) 気道を確保するためには，片手で額を押さえながら，もう一方の手の指で顎先を上に引き上げるようにする．

(2) 心肺蘇生は，人工呼吸2回に胸骨圧迫30回を繰り返して行う．

(3) 気道が確保されていない状態で人工呼吸を行うと吹き込んだ息が胃に流入し，胃が膨張して内容物が口のほうに逆流して気道閉塞を招くことがある．

(4) 胸骨圧迫は，胸が5cm沈む強さで胸骨の下半分を圧迫し，1分間に約60回のテンポで行う．

(5) AED（自動体外式除細動器）を用いた場合，電気ショックを行った後や電気ショックは不要と判断されたときには，音声メッセージに従って胸骨圧迫を開始し心肺蘇生を続ける．

解 説 胸骨圧迫は，胸が5cm以上沈む強さで胸骨の下半分を圧迫し，1分間に100回以上の割合で繰り返します． 　　　　　　　　　　　　**【答】**(4)

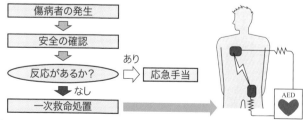

Check!
☑ 電気ショック不要と判断 ➡ 胸骨圧迫を再開

3章

救急処置

応用問題 4　一次救命処置に関する次の記述のうち，誤っているものはどれか．

(1) 傷病者に反応がない場合は，頭部後屈顎先挙上法により気道を確保し，普段どおりの息をしているか確認する．

(2) 傷病者が普段どおりの息をしており，心肺蘇生を行わないで経過を観察する場合は回復体位をとらせる．

(3) 心肺蘇生は，人工呼吸 2 回に胸骨圧迫 30 回を繰り返して行う．

(4) 胸骨圧迫は，胸が 5 cm 沈む強さで胸骨の下半分を圧迫し，1 分間に約 100 回のテンポで行う．

(5) AED（自動体外式除細動器）を用いる場合は，人工呼吸や胸骨圧迫は一切行う必要がない．

解　説　AED（自動体外式除細動器）を用いて救命処置を行う場合には，AED が到着するまで**胸骨圧迫と人工呼吸のサイクルを繰り返し**ます．　【答】(5)

Check!　傷病者が普段どおりの息 → 回復体位をとらせる

■次の文は，**正しい(○)**？　それとも**間違い(×)**？

(1) 気道を確保するためには，仰向けにした傷病者のそばにしゃがみ，後頭部を軽く上げ，顎を下方に押さえる．

(2) 反応はないが普段どおりの呼吸をしている傷病者で，嘔吐や吐血などが見られる場合は，回復体位をとらせる．

(3) 心肺蘇生は，胸骨圧迫 30 回に人工呼吸 2 回を繰り返して行う．

(4) 胸骨圧迫は，胸が少なくとも 5 cm 沈む強さで胸骨の下半分を圧迫し，1 分間に少なくとも 100 回のテンポで行う．

解答・解説

(1) ×⇒気道を確保するためには，**仰向けに寝かせた傷病者の顔を横から見る位置に座り，片手で傷病者の額を押さえながら，もう一方の手の指先を傷病者の顎の先端に当てて持ち上げる**頭部後屈顎先挙上法とします．

(2)，(3)，(4) ○⇒胸骨圧迫は，下図のように行います．

胸骨圧迫
30 回

＊テンポは 1 分間に 100 回

人工呼吸
2 回

＊1 回 1 秒かけて吹き込む

気道確保は忘れずに！

胸骨圧迫部位

この部分で圧迫する

両手の組み方と力を加える部位

4 編

関 係 法 令

1章 ● 労働安全衛生法

1-1. 労働安全衛生法の目的と用語の定義

学習ガイド　労働安全衛生法は，仕事の安全について規定した厚生労働省関係の法律です．潜水士の試験では，「労働安全衛生法」関係の知識が必要となります．

ポイント

◎ 労働安全衛生法の目的〈法第1条〉

労働安全衛生法は，労働者の安全と健康の確保のために規定されています．

> この法律は，労働基準法と相まって，労働災害の防止のための**危害防止基準の確立**，**責任体制の明確化**および**自主的活動の促進の措置**を講ずるなどその防止に関する**総合的計画的な対策を推進**することにより，職場における**労働者の安全と健康を確保**するとともに，**快適な職場環境の形成を促進**することを目的とする．

◎ 定義（用語の定義）〈法第2条〉

> ① **労働災害**：労働者の就業に係る建設物，設備，原材料，ガス，蒸気，粉じんなどにより，または作業行動その他業務に起因して，労働者が負傷し，疾病にかかり，または死亡することをいう．
>
> **参考**　労働災害には，有害物による中毒や高気圧障害などの職業病が含まれる．
>
> ② **労働者**：労働基準法第9条に規定する労働者をいう．
>
> **参考**　労働基準法第9条（労働者の定義）：この法律で労働者とは，職業の種類を問わず，事業に使用される者で，賃金を支払われる者をいう．
>
> ③ **事業者**：事業を行う者で，労働者を使用する者をいう．
>
> **参考**　事業者とは，会社法人では法人そのもの，個人企業では事業主個人が該当する．
>
> ④ **化学物質**：元素および化合物をいう．
>
> ⑤ **作業環境測定**：作業環境の実態を把握するため空気環境その他の作業環境について行うデザイン，サンプリングおよび分析（解析を含む）をいう．

基本問題 労働安全衛生法の目的として，誤っているものは次のうちどれか.

(1) 危害防止基準の確立
(2) 労働者の安全と健康の確保
(3) 快適な職場環境の形成の促進
(4) 責任体制の明確化
(5) 契約時の安全の確保

解 説 契約時の安全の確保に関する法律は「**労働基準法**」です.

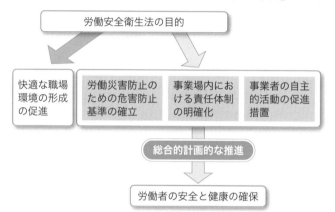

【答】(5)

労働安全衛生法 ➡ 労働者の安全と健康の確保

応用問題 用語の定義に関する解釈などで，誤っているのは次のうちどれか.

(1) 労働災害には，有害物による中毒や高気圧障害などの職業病が含まれない.
(2) 労働者は，事業に使用される者で，賃金を支払われる者をいう.
(3) 事業者は，事業を行う者で，労働者を使用する者をいう.
(4) 化学物質は元素および化合物をいう.
(5) 作業環境について行うサンプリングは，作業環境測定に含まれる.

解 説 有害物中毒や高気圧障害などの職業病は，労働災害に含まれます.

【答】(1)

労働災害には職業病が含まれる

Ⅰ章

労働安全衛生法

1-2. 譲渡などの制限

譲渡に伴うリスクの回避のための規定についての規定について学習します．常識的な内容であり，容易に理解できるはずです．

ポイント

◎ 譲渡などの制限〈法第42条〉

　特定機械など以外で，危険もしくは有害な作業を必要とするもの，または健康障害を防止するため使用するもののうち，厚生労働大臣が定める規格または安全装置を具備しなければ，**譲渡**し，**貸与**し，または**設置してはならない**．

 潜水士に関係する主な対象機械は，潜水器 と 再圧室 です．

▼ ヘルメット式潜水器

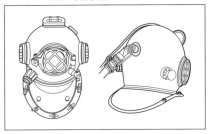

▼ 再圧室

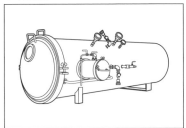

！ ひっかけ問題に注意

　譲渡などの制限を受けるのは，**潜水器**と**再圧室**ですが，以下のような項目を紛れ込ませた問題が出題されるので，注意しておかなければなりません．

・空気圧縮機　　・空気清浄装置　　・送気管（送気ホース）
・ボンベの圧力調整器　　・潜水服　　・流量計　　・水深計

基本問題 次の設備器具のうち，厚生労働大臣が定める構造規格を具備しなければ，譲渡し，貸与し，または設置してはならないものはどれか．
(1) 潜水業務用空気圧縮機
(2) 潜水業務用送気管
(3) 潜水業務用ボンベの圧力調整器
(4) 潜水器
(5) 水深計

解　説 厚生労働大臣が定める構造規格を具備しなければ，譲渡し，貸与し，または設置してはならないものは，「**潜水器**」と「**再圧室**」です．
「**潜水器**」は，水中での呼吸の確保に必要な機械設備です．　　　　【答】(4)

Check!
☑ 構造規格具備(譲渡・貸与・設置) ➡ 潜水器と再圧室

応用問題 厚生労働大臣が定める構造規格を具備しなければ，譲渡し，貸与し，または設置してはならない設備・器具の組合せとして正しいものは，次のうちどれか．
(1) 空気清浄装置，潜水器
(2) 空気清浄装置，再圧室
(3) 再圧室，空気圧縮機
(4) 潜水器，再圧室
(5) 潜水器，空気圧縮機

解　説 「**潜水器**」と「**再圧室**」を知っていれば，大サービス問題といえるでしょう！　　　　【答】(4)

Check!
☑ 潜水器と再圧室とくれば ➡ 大サービス

1章

労働安全衛生法

2章 ○ 労働安全衛生規則

2-1. 雇入れ時などの教育と特別教育

雇入れ時などの教育や特別教育の内容を確認しておく必要があります.

ポイント

◎ 雇入れ時などの教育〈規則第 35 条〉

　　事業者は，**労働者を雇い入れ**，または**労働者の作業内容を変更したとき**は，当該労働者に対し，遅滞なく，次の事項のうち当該労働者が従事する業務に関する安全または衛生のための必要な事項について，**教育を行わなければならない**.

① 　**機械，原材料などの危険性**または**有害性**およびこれらの**取扱い方法**
② 　**安全装置，有害物抑制装置**または**保護具の性能**およびこれらの**取扱い方法**
③ 　**作業手順**
④ 　**作業開始時の点検**
⑤ 　当該業務に関して発生するおそれのある**疾病の原因**および**予防**
⑥ 　**整理，整頓**および**清潔の保持**
⑦ 　**事故時などにおける応急措置**および**退避**
⑧ 　①～⑦のほか，当該業務に関する安全または衛生のために必要な事項

参考　事業者は，①～⑧の全部または一部に関し十分な知識および技能を有していると認められる労働者については，当該事項の教育を省略することができます.

◎ 特別教育〈規則第 36 条～第 39 条〉

① 　潜水業務のうち，以下のものは厚生労働省令で定める危険または有害な業務に該当する.
　　・潜水作業者への送気の調節を行うためのバルブまたはコックを操作する業務
　　・再圧室を操作する業務
② 　事業者は，特別教育の科目の全部または一部について十分知識および技能を有していると認められる労働者については，当該科目についての特別教育を省略することができる.
③ 　事業者は特別教育を行ったときは，当該特別教育の受講者，科目などの

記録を作成して，これを **3 年間保存**しておかなければならない．

④　特別教育の実施に必要な事項は，厚生労働大臣が定める．

参　考
・潜水業務に就くことができる者は，潜水士免許を受けた者です．
・「再圧室を操作する業務」の特別教育においては，救急蘇生法に関する内容も含まれています．

基本問題 事業者が，法令上，次の業務に従事する労働者に対して特別の教育を行わなければならないものはどれか．

(1) 潜水用空気圧縮機を運転する業務
(2) 潜水器を点検する業務
(3) 再圧室を操作する業務
(4) 連絡員の業務
(5) 水深 10 m 未満の場所における潜水業務

解　説　再圧室を操作する業務は，特別教育の対象です． 【答】(3)

Check!
☑　　　　　再圧室の操作業務 ➡ 特別教育

応用問題　次の A から E の業務について，法令上，その業務に労働者を就かせるときに特別の教育を行わなければならないものの組合せは (1)〜(5) のうちどれか．

A　潜水作業者への送気の調節を行うためのバルブまたはコックを操作する業務
B　潜水器を点検する業務
C　再圧室を操作する業務
D　潜水作業者へ送気するための空気圧縮機を運転する業務
E　水深 10 m 未満の場所における潜水業務

(1) A，C　　(2) A，E　　(3) B，C　　(4) B，D　　(5) D，E

解　説　法令上，その業務に労働者を就かせるときに特別の教育を行わなければならないものは，次のとおりです．

A：潜水作業者への送気の調節を行うためのバルブまたはコックを操作する業務

C：再圧室を操作する業務 【答】(1)

Check!
☑　　　　バルブ，コックの操作業務 ➡ 特別教育

2 章

労働安全衛生規則

2-2. 雇入れ時の健康診断と定期健康診断

健康診断の対象者と頻度および健康診断の項目について学習します.

ポイント

◎ 雇入れ時の健康診断〈規則第43条〉

　事業者は，常時使用する労働者を雇い入れるときは，当該労働者に対し，次の項目について医師による健康診断を行わなければならない．ただし，医師による健康診断を受けた後，**3月を経過しない者**を雇い入れる場合で，その者が健康診断の結果を証明する書面を提出したときは，当該健康診断の項目に相当する項目については，この限りでない．

① 既往歴および業務歴の調査
② 自覚症状および他覚症状の有無の検査
③ 身長，体重，腹囲，視力および聴力
④ 胸部エックス線検査
⑤ 血圧の測定
⑥ 貧血検査（血色素量および赤血球の検査）
⑦ 肝機能検査
⑧ 血中脂質検査
⑨ 血糖検査
⑩ 尿検査
⑪ 心電図検査

 聴力は，1 000 Hz および 4 000 Hz の音に係る聴力についての診断を行います．

◎ 定期健康診断〈規則第44条〉

　事業者は，常時使用する労働者に対し，**1年以内ごとに1回**，定期に，次の項目について医師による健康診断を行わなければならない．

・**（規則第43条の①～⑪の項目）＋ 喀痰検査**

 雇入れ時の健康診断の項目④に加えて喀痰検査が必要となります．

特定業務従事者の健康診断〈規則第45条〉

事業者は，常時従事する労働者に対し，当該業務への配置換えの際および**6月以内ごとに1回**，定期に，規則第44条の項目について医師による健康診断を行わなければならない．

参考 例外的に，④の胸部エックス線検査と喀痰検査は，1年以内ごとに1回，定期に行えば足りるものとされています．

基本問題 事業者は，医師による健康診断を受けた後，〔　　　〕を経過しない者を雇い入れる場合で，その者が健康診断の結果を証明する書面を提出したときは，当該健康診断の項目に相当する項目については，改めて健康診断をしなくてよい．〔　　　〕内の語句として正しいのは次のうちどれか．

(1) 1月　　(2) 2月　　(3) 3月　　(4) 6月　　(5) 1年

解　説　〈規則第43条〉からの出題で，**3月**です． 【答】(3)

Check!
☑ 医師による健康診断後3月を経過しない者
➡ 雇用時の健康診断項目の免除あり

 応用問題 事業者は，常時使用する労働者を雇い入れるときは，当該労働者に対し，医師による健康診断を行わなければならない．この場合の項目として該当しないものは次のうちどれか．

(1) 血圧の測定
(2) 貧血検査
(3) 肝機能検査
(4) 便検査
(5) 心電図検査

解　説　**便検査**は該当しないが，**尿検査**は該当します． 【答】(4)

Check!
☑ 雇用時の健康診断項目の除外 ➡ 便の検査

2章

労働安全衛生規則

3章 ● 高気圧作業安全衛生規則

3-1. 事業者の責務と用語の意義

学習ガイド

高気圧作業安全衛生規則に定める「事業者の責務」と「用語の意義」について，学習します．

4編

関係法令

● ポイント

◎ 事業者の責務〈規則第1条〉

　　事業者は，労働者の危険または高気圧障害その他の健康障害を防止するため，作業方法の確立，作業環境の整備その他必要な措置を講ずるよう努めなければならない．

◎ 用語の意義〈規則第1条の2〉

① **高気圧障害**：高気圧による減圧症，酸素，窒素または炭酸ガスによる中毒その他の高気圧による健康障害をいう．
  ・**減圧症**：潜水病，潜函病
  ・**酸素による中毒**：急性酸素中毒，慢性酸素中毒
  ・**窒素による中毒**：窒素中毒
  ・**炭酸ガスによる中毒**：炭酸ガス中毒
  ・**その他の高気圧による健康障害**：空気塞栓症・骨壊死
② **高圧室内業務**：潜函工法，潜鐘工法，圧気シールド工法などによって，大気圧を超える気圧下の作業室またはシャフトの内部において行う業務をいう．
③ **潜水業務**：潜水器を用い，かつ，空気圧縮機もしくは手押しポンプによる送気またはボンベからの給気を受けて，水中において行う業務をいう．
④ **作業室**：潜函工法その他の圧気工法による作業を行うための大気圧を超える気圧下の作業室をいう．
⑤ **気こう室**：高圧室内業務に従事する労働者（高圧室内作業者）が，作業室への出入りに際し，加圧または減圧を受ける室をいう．
⑥ **不活性ガス**：窒素およびヘリウムの気体をいう．

参考　高圧室内業務，潜水業務を行う事業所が，「高気圧作業安全衛生規則」の適用を受けますが，潜水時間の規制など，減圧症の発生を防止することを目的とした規定については，水深10 m未満の場所での業務には適用されません．

基本問題 高気圧作業安全衛生規則について，誤っているものはどれか．

(1) 高圧室内業務とは，潜函工法その他の圧気工法により，大気圧を超える気圧下の作業室またはシャフトの内部において行う業務をいう．

(2) 潜水業務には，潜水器を用い，かつ，空気圧縮機もしくは手押しポンプによる送気またはボンベからの給気を受けて水中において行う業務を含む．

(3) 作業室とは，潜函工法その他の圧気工法による作業を行うための大気圧を超える気圧下の作業室をいう．

(4) 気こう室とは，高圧室内業務に従事する労働者が，作業室への出入りに際し，加圧または減圧を受ける室をいう．

(5) 潜水業務には，潜水器を用い，かつ，ボンベから給気を受けて水中において行う業務は含まない．

解 説 潜水業務には，潜水器を用い*，かつ，**空気圧縮機もしくは手押しポンプによる送気またはボンベからの給気を受けて水中において行う業務**を含みます．

*「潜水器を用い」に該当するのは，ヘルメット式潜水器，全面マスク式潜水器，その他の潜水器（スクーバ式など）です． 　　　　　　　　　　　　　　【答】(5)

Check!

潜水器を使用しない素潜り → 潜水業務でない

応用問題 潜水業務について，誤っているのは次のうちどれか．

(1) 潜水業務とは潜水器を用い，かつ，空気圧縮機もしくは手押しポンプによる送気またはボンベからの給気を受けて水中において行う業務をいう．

(2) 事業者は，「潜水士免許取得者」でなければ潜水業務をさせてはならない．

(3) 水深1.5mのプールでスクーバ式潜水器を用いて溶接作業を行う場合，減圧症などの障害にかかることがないので潜水業務には該当しない．

(4) 潜水用の水中めがねで水深5mの海底から海草を採取する業は，法令上の潜水業務には該当しない．

(5) 潜水者を補助する連絡員や監視員の業務は，法令上の潜水業務には該当しない．

解 説 ヘルメット式潜水器，全面マスク式潜水器，スクーバ式潜水器を用い，かつ空気圧縮機もしくは手押しポンプによる送気またはボンベからの給気を受けて水中において行う業務は，水深に関係なく潜水業務に該当する． 　【答】(3)

Check!

潜水業務 → 水深の浅い深いには関係しない

3章

高気圧作業安全衛生規則

3-2. 空気槽，空気清浄装置および流量計

「空気槽」，「空気清浄装置および流量計」の規定のうち，特に，予備空気槽の内容積の計算式は，出題の常連のため確実に覚えておかなければなりません．

ポイント

◎ 空気槽〈規則第8条〉

① 事業者は，潜水業務に従事する労働者（潜水作業者）に，空気圧縮機により送気するときは，当該**空気圧縮機による送気を受ける潜水作業者ごと**に，**送気を調節するための空気槽**および事故の場合に必要な空気を蓄えてある空気槽（**予備空気槽**）を設けなければならない．

② **予備空気槽**は，次に適合するものでなければならない．

・予備空気槽内の空気の圧力：常時，最高の潜水深度における圧力の **1.5 倍**以上であること．

・予備空気槽内の内容積 V：次式の**計算値以上**であること．

潜水者に圧力調整器を使用させる場合	$V = \dfrac{40\,(0.03D + 0.4)}{P}$ (L)
全面マスク式やフーカー式潜水	
潜水者に圧力調整器を使用させない場合	$V = \dfrac{60\,(0.03D + 0.4)}{P}$ (L)
ヘルメット式	

D：最高の潜水深度〔m〕，P：予備空気槽内の空気の圧力〔MPa〕

③ ①の下線部の空気槽が②に適合するときは，予備空気槽を設けなくてよい．

参考 記号の意味 V：ボリウム（体積），D：デプス（深度），P：プレッシャ（圧力）

◎ 空気清浄装置，圧力計および流量計〈規則第9条〉

事業者は，潜水作業者に空気圧縮機により送気する場合には，**送気する空気を清浄にするための装置**のほか，潜水作業者に圧力調整器を使用させるときは送気圧を計るための**圧力計**を，それ以外のときはその送気量を計るための**流量計**を設けなければならない．

基本問題 空気圧縮機によって送気を行い，潜水作業者に圧力調整器を使用させて潜水業務を行わせる場合，潜水作業者ごとに備える予備空気槽の内容積 V〔L〕を計算する式は，法令上，次のうちどれか．

ただし，D は最高の潜水深度〔m〕，P は予備空気槽内の空気の圧力〔MPa〕でゲージ圧力を示す．

(1) $V = \dfrac{60\,(0.03D + 0.4)}{P}$

(2) $V = \dfrac{60\,(0.03D + 0.4)}{D}$

(3) $V = \dfrac{40\,(0.03D + 0.4)}{P}$

(4) $V = \dfrac{40\,(0.03D + 0.4)}{D}$

(5) $V = \dfrac{80\,(0.03D + 0.4)}{P}$

解 説 問題文中に，空気圧縮機によって送気を行い，潜水作業者に圧力調整器を使用させて潜水業務を行わせると明記されているので，潜水作業者ごとに備える予備空気槽の内容積 V〔L〕を計算する式は，下表の太字部分に相当します．

▼ 空気圧縮機

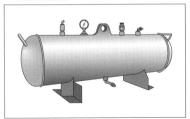

潜水者に圧力調整器を使用させる場合	
全面マスク式やフーカー式に適用：空気消費量が少ないので分子が 40	$V = \dfrac{40\,(0.03D + 0.4)}{P}$ 〔L〕
潜水者に圧力調整器を使用させない場合	
ヘルメット式に適用：空気消費量が多いので分子が 60	$V = \dfrac{60\,(0.03D + 0.4)}{P}$ 〔L〕

【答】(3)

Check!

圧力調整器を使用させる ➡ 分子が 40

応用問題 1　ヘルメット式潜水で空気圧縮機により送気する場合，潜水作業者ごとに備える予備空気槽の内容積 V を計算する次式内に入れる A～C の用語または数値の組合せとして，法令上，正しいものは (1)～(5) のうちどれか．

ただし，容積の単位は L，潜水深度の単位は m，圧力の単位は MPa でゲージ圧力を示す．

$$V = \frac{\boxed{\text{A}}\,(0.03 \times \boxed{\text{B}} + 0.4)}{\boxed{\text{C}}}$$

	A	B	C
(1)	40	調節空気槽の容積	最高の潜水深度
(2)	60	最高の潜水深度	予備空気槽内の圧力
(3)	60	調節空気槽の容積	予備空気槽内の圧力
(4)	40	最高の潜水深度	予備空気槽内の圧力
(5)	60	調節空気槽の容積	最高の潜水深度

解 説　予備空気槽内の内容積 V は，次式の計算値以上であることとされています．二つの式の使い分けの重要ポイントは下表の □□□□ です．

潜水者に圧力調整器を使用させる場合	
全面マスク式やフーカー式潜水で出題された場合は，これに該当する	$V = \dfrac{40\,(0.03D + 0.4)}{P}$ 〔L〕
潜水者に圧力調整器を使用させない場合	
ヘルメット式で空気圧縮機により送気する場合はこれに該当する	$V = \dfrac{60\,(0.03D + 0.4)}{P}$ 〔L〕

D：**最高の潜水深度**〔m〕，P：**予備空気槽内の圧力**〔MPa〕

注意　出題内容に合わせた式の選定が必要です．　　　　　【答】(2)

Check!
✓　圧力調整器を使用させない ➡ 分子が 60

 応用問題 2　空気圧縮機による送気式潜水における空気槽に関し，法令上，誤っているものは次のうちどれか．

(1) 送気を調節するための空気槽は，潜水作業者ごとに設けなければならない．

(2) 予備空気槽を設ける場合は，潜水作業者ごとに設けなければならない．

(3) 予備空気槽内の空気の圧力は，常時，最高の潜水深度に相当する圧力以上でなければならない．

(4) 送気を調節するための空気槽が，予備空気槽の内容積などの基準に適合する
ものであるときは，予備空気槽を設けなくてもよい．

(5) 潜水作業者に，予備空気槽の内容積などの基準に適合する予備ボンベを携行
させるときは，予備空気槽を設けなくてもよい．

解 説 予備空気槽内の空気の圧力は，常時，**最高の潜水深度における圧力
の1.5倍以上**でなければなりません． **【答】（3）**

Check!
☑ 予備空気槽の圧力 → 最高の潜水深度の圧力 × 1.5 以上

 応用問題3 全面マスク式潜水による潜水作業者に空気圧縮機を用いて送気
し，最高潜水深度40mまで潜水させる場合に，最小限必要な予備空気槽の内容積
V〔L〕に最も近いものは，法令上，次のうちどれか．ただし，イまたはロのうち
適切な式を選定して算定すること．なお，Dは最高の潜水深度〔m〕であり，Pは予
備空気槽内の空気の圧力（〔MPa〕，ゲージ圧力）で，最高潜水深度における圧力
（ゲージ圧力）の1.5倍とする．

イ $V = \dfrac{40(0.03D + 0.4)}{P}$

ロ $V = \dfrac{60(0.03D + 0.4)}{P}$

(1) 65 L (2) 75 L (3) 92 L (4) 107 L (5) 112 L

解 説 全面マスク式潜水で空気圧縮機により送気する場合，潜水作業者ご
とに備える予備空気槽の内容積Vの計算には，問題中のイの式を使用します．

$$V = \frac{\mathbf{40(0.03}D + \mathbf{0.4)}}{\mathbf{P}} = \frac{40(0.03 \times 40 + 0.4)}{0.4 \times 1.5} \fallingdotseq \mathbf{107\ L}$$

【答】（4）

Check!
☑ 予備空気槽内の空気圧 = 最高潜水深度のゲージ圧力 × 1.5

3章

高気圧作業安全衛生規則

応用問題 4 空気槽に関し，法令上，誤っているものは次のうちどれか．

(1) 送気を調節するための空気槽は，潜水作業者 2 名以下ごとに 1 台設けなければならない．

(2) 予備空気槽は，潜水作業者に圧力調整器を使用させる場合と使用させない場合に応じて，必要な内容積が異なる．

(3) 予備空気槽内の空気の圧力は，常時，最高の潜水深度における圧力の 1.5 倍以上でなければならない．

(4) 送気を調節するための空気槽が，予備空気槽の内容積などの基準に適合するものであるときは，予備空気槽を設けることを要しない．

(5) 予備空気槽の内容積などの基準に適合する予備ボンベを潜水作業者に携行させるときは，予備空気槽を設けることを要しない．

解 説 事業者は，潜水業務に従事する労働者に，空気圧縮機により送気するときは，当該**空気圧縮機による送気を受ける潜水作業者ごとに**，**送気を調節するための空気槽**および事故の場合に必要な空気を蓄えてある**空気槽（予備空気槽）**を設けなければならない．　　　　　　　　　　　　　【答】(1)

Check!

送気を調節する空気槽 ➡ 潜水作業者ごとに設置

■次の文は，**正しい(○)？　それとも間違い(×)？**

(1) 潜水作業者に空気圧縮機により送気するときは送気圧を計るための圧力計を，それ以外のときはその送気量を計るための流量計を設けなければならない．

解答・解説

(1) ○⇒空気圧縮機により送気するときは圧力計を，それ以外のときは流量計を設けなければならない．

学習ガイド

3-3. 特別教育の必要な業務

特別教育の必要な業務について，規定内容を覚えておく必要があります．

ポイント

◎ 特別の教育〈規則第 11 条〉

事業者は，次の業務に就かせるときは，当該労働者に対し，当該業務に関する**特別の教育**を行わなければならない．

該当業務	教育事項
① **作業室および気こう室へ送気する**ための空気圧縮機を運転する業務	1. 圧気工法の知識 2. 送気設備の構造および取扱い 3. 高気圧障害の知識 4. 関係法令 5. 空気圧縮機の運転に関する実技
② **作業室への送気の調節を行うため**の**バルブ**または**コック**を操作する業務	1. 圧気工法の知識 2. 送気および排気 3. 高気圧障害の知識 4. 関係法令 5. 送気の調節の実技
③ 気こう室への**送気**または気こう室からの**排気の調節を行うためのバ**ルブまたは**コック**を操作する業務	1. 圧気工法の知識 2. 加圧，減圧，換気の仕方 3. 高気圧障害の知識 4. 関係法令 5. 加圧，減圧，換気に関する実技
④ **潜水作業者への送気の調節を行う**ための**バルブ**または**コック**を操作する業務	1. 潜水業務に関する知識 2. 送気に関すること 3. 高気圧障害の知識 4. 関係法令 5. 送気の調節の実技
⑤ **再圧室を操作する業務**	1. 高気圧障害の知識 2. 救急再圧法に関すること 3. 救急蘇生法に関すること 4. 関係法令 5. 再圧室の操作，救急蘇生法に関する実技
⑥ **高圧室内業務**	1. 圧気工法の知識 2. 圧気工法に係る設備 3. 急激な圧力低下，火災などの防止 4. 高気圧障害の知識 5. 関係法令

基本問題 潜水作業者への送気の調節を行うためのバルブまたはコックを操作する業務に従事する労働者に対して行う特別の教育の教育事項として，法令上，定められていないものは次のうちどれか．

(1) 潜水業務に関する知識に関すること．

(2) 送気に関すること．

(3) 高気圧障害の知識に関すること．

(4) 救急蘇生法に関すること．

(5) 送気の調節の実技．

解 説 潜水作業者への送気の調節を行うためのバルブまたはコックを操作する業務に従事する労働者に対して行う特別の教育の教育事項は，下記の項目です．

教育事項	1. 潜水業務に関する知識　　　2. 送気に関すること 3. 高気圧障害の知識　　　　　4. 関係法令 5. 送気の調節の実技

【答】(4)

Check!

救急蘇生法 ➡ 再圧室を操作する業務の特別教育

応用問題 1 再圧室を操作する業務に就かせる労働者に対して行う特別教育の教育事項として，法令上，定められていないものは次のうちどれか．

(1) 高気圧障害の知識に関すること．

(2) 潜水業務に関する知識に関すること．

(3) 救急再圧法に関すること．

(4) 救急蘇生法に関すること．

(5) 再圧室の操作および救急蘇生法に関する実技．

解 説 再圧室を操作する業務に就かせる労働者に対して行う特別教育の教育事項は，下記の項目です．

教育事項	1. 高気圧障害の知識　　　　　2. 救急再圧法に関すること 3. 救急蘇生法に関すること　　4. 関係法令 5. 再圧室の操作，救急蘇生法に関する実技

【答】(2)

Check!

潜水業務に関する知識
➡ 再圧室操作業務の特別教育の対象外

応用問題 2 　次の業務に就かせるとき，法令に基づく安全または衛生のための特別の教育を行わなければならないものはどれか．

(1) 潜水用空気圧縮機を運転する業務
(2) 潜水器を点検する業務
(3) 再圧室を操作する業務
(4) 連絡員の業務
(5) 水深 10 m 未満の場所における潜水業務

解　説　**再圧室を操作する業務，潜水作業者への送気の調節を行うためのバルブまたはコックを操作する業務**などに就かせる労働者に対しては，**特別教育の教育**を行わなければならない．　　　　　　　　　　　　　　　【答】(3)

Check!
☑ 再圧室を操作する業務 ➡ 特別教育の対象

 応用問題 3 　事業者が，再圧室を操作する業務（再圧室操作業務）および潜水作業者への送気の調節を行うためのバルブまたはコックを操作する業務（送気調節業務）に従事する労働者に対して行う特別の教育に関し，法令上，誤っているものは次のうちどれか．

(1) 潜水士免許を受けた者でなければ，特別の教育の講師になることはできない．
(2) 再圧室操作業務に従事する労働者に対して行う特別の教育の教育事項は，「高気圧障害の知識に関すること」，「救急再圧法に関すること」，「救急蘇生法に関すること」，「関係法令」および「再圧室の操作および救急蘇生法に関する実技」である．
(3) 送気調節業務に従事する労働者に対して行う特別の教育の教育事項は，「潜水業務に関する知識に関すること」，「送気に関すること」，「高気圧障害の知識に関すること」，「関係法令」および「送気の調節の実技」である．
(4) 特別の教育の科目の全部について十分な知識と技能を有していると認められる労働者については，特別の教育を省略することができる．
(5) 特別の教育を行ったときは，特別の教育の受講者，科目などの記録を作成し，これを 3 年間保存しておかなければならない．

解　説　潜水業務に就くことができる者は，潜水士免許を受けた者です．しかし，特別教育の講師の資格要件として，潜水士免許を受けた者であることは定められていません．

【答】(1)

Check!
☑ 特別教育の講師 ➡ 潜水士免許保有者以外でも可能

3章
高気圧作業安全衛生規則

3-4. ガス分圧と酸素ばく露量の制限

学習ガイド 潜水作業者の健康障害を防止するためのガス圧の制限と酸素ばく露量の制限について学習します.

ポイント

◎ ガス分圧の制限〈規則第15条〉

　事業者は，酸素，窒素または炭酸ガスによる潜水作業者の健康障害を防止するため，当該潜水作業者が吸入する時点の次の各号に掲げる気体の分圧がそれぞれ当該各号に定める分圧の範囲に収まるように，潜水作業者への送気，ボンベからの給気その他の必要な措置を講じなければならない.

①　酸素：**18 kPa 以上 160 kPa 以下**（ただし，潜水作業者が溺水しないよう必要な措置を講じて浮上を行わせる場合にあっては，18 kPa 以上 220 kPa 以下とする）.

②　窒素：**400 kPa 以下**　　③　炭酸ガス：**0.5 kPa 以下**

◎ 酸素ばく露量の制限〈規則第16条〉

　事業者は，酸素による潜水作業者の健康障害を防止するため，潜水作業者について，厚生労働大臣が定める方法により求めた酸素ばく露量が，厚生労働大臣が定める値を超えないように，**潜水作業者への送気，ボンベからの給気その他の必要な措置を講じなければならない.**

基本問題 事業者は，当該潜水作業者が吸入する時点のそれぞれの気体の分圧を規定範囲に収まるように必要な措置を講じなければならないが，次のうち，法令上，誤っているものはどれか.
(1) 酸素：原則 18 kPa 以上 160 kPa 以下
(2) 酸素：潜水作業者が溺水しないよう必要な措置を講じて浮上を行わせる場合にあっては，18 kPa 以上 220 kPa 以下
(3) 窒素：400 kPa 以下　　(4) ヘリウム：400 kPa 以下
(5) 炭酸ガス：0.5 kPa 以下

解説 ヘリウムは中毒性がなく分圧制限はありません. 　　【答】(4)

Check! ☑ 　ガス圧の制限対象：酸素・窒素・炭酸ガス

3-5. 浮上の速度など

潜水作業者に浮上を行わせるときなどの規定について学習します.

ポイント

◎ 浮上の速度など〈規則第18条〉

① 事業者は,潜水作業者に浮上を行わせるときは,次に定めるところによらなければならない.

・**浮上の速度は,毎分10m以下とすること.**

注意 潜降の速度は定められていません!

・厚生労働大臣が定める区間ごとに,厚生労働大臣が定めるところにより**区分された人体の組織(半飽和組織)のすべてについて次のイに掲げる分圧がロに掲げる分圧を超えないように,浮上を停止させる水深の圧力**および当該圧力下において,**浮上を停止させる時間を定め,当該時間以上の浮上を停止させる**こと.

　イ　厚生労働大臣が定める方法により求めた当該半飽和組織内に存在する不活性ガスの分圧

　ロ　厚生労働大臣が定める方法により求めた当該半飽和組織が許容することができる最大の不活性ガスの分圧

② 事業者は,浮上を終了した者に対して,当該**浮上を終了したときから14時間は,重激な業務に従事させてはならない.**

◎ 作業の状況の記録など〈規則第20条の2〉

　事業者は,潜水業務を行うつど,第12条の2(**作業計画**)第2項各号に掲げる事項を**記録した書類**ならびに当該**潜水作業者の氏名**および**作業の日時を記載した書類**を作成し,これらを**5年間保存**しなければならない.

3章

高気圧作業安全衛生規則

基本問題 事業者は，潜水作業者に浮上を行わせる場合，法令上誤っているのは，次のうちどれか．

(1) 浮上の速度は，毎分 10 m 以下とする．

(2) 厚生労働大臣が定める区間とは，潜降の開始から浮上の終了までである．

(3) 厚生労働大臣が定めるところにより区分された人体の組織（半飽和組織）は，16 区分に分けられている．

(4) 厚生労働大臣が定める方法により求めた当該半飽和組織が許容することができる最大の不活性ガス分圧を M 値という．

(5) 事業者は，浮上を終了した者に対して，当該浮上を終了したときから 24 時間は，重激な業務に従事させてはならない．

解 説 事業者は，浮上を終了した者に対して，当該浮上を終了したときから 14 時間は，重激な業務に従事させてはならない．　　　　【答】(5)

Check!

重激な業務の禁止 ➡ 浮上終了後 14 時間

応用問題 事業者は，潜水業務を行うつど，作業計画を定め，必要な事項を記録した書類を作成しなければならない．記録に記載すべき事項として，法令上，誤っているものは次のうちどれか．

(1) 潜水者の氏名と潜水作業日時

(2) 排気の気体の成分組成

(3) 潜降および浮上の速度と潜降開始から浮上開始までの時間

(4) 当該業務における最大潜水深度

(5) 浮上時の浮上停止深度および停止時間

解 説 作業計画は水深 10 m 以上の場所における潜水業務に適用されます．「**送気に用いた気体の成分組成**」は，記録に記載すべき事項です．

【答】(2)

Check!

作業記録 ➡ 5 年間保存

3-6. 送気量・送気圧とボンベからの給気

学習ガイド

送気量および送気圧とボンベからの給気に関する規定について学習します.

ポイント

◎ 送気量および送気圧〈規則第28条〉

① 事業者は,空気圧縮機または手押ポンプにより潜水作業者に送気すると きは,潜水作業者ごとに,その水深の圧力下における送気量を,**毎分60L 以上**としなければならない.

② ①の規定にかかわらず,事業者は,潜水作業者に圧力調整器を使用させ る場合には,**潜水作業者ごとに,その水深の圧力下において毎分40L以 上**の送気を行うことができる空気圧縮機を使用し,かつ,送気圧をその水 深の圧力に **0.7MPa** を加えた値以上としなければならない.

◎ ボンベからの給気を受けて行う潜水業務〈規則第29条〉

事業者は,潜水作業者に携行させたボンベ(非常用のものを除く)からの 給気を受けさせるときは,次の措置を講じなければならない.

① **潜降直前に**,潜水作業者に対し,当該潜水業務に**使用するボンベの現 に有する給気能力**を知らせること.

② 潜水作業者に異常がないかどうかを**監視するための者を置く**こと.

◎ 圧力調整器〈規則第30条〉

事業者は,潜水作業者に**圧力1MPa以上の気体を充填したボンベからの 給気**を受けさせるときは,**二段以上の減圧方式**による**圧力調整器**を潜水作業 者に使用させなければならない.

基本問題 潜水作業者に圧力調整器を使用しない方法で潜水させる場合,大 気圧下で送気量が毎分240Lの空気圧縮機を用いて送気するとき,法令上,潜水で きる最高の水深は,次のうちどれか.

(1) 20m　　(2) 25m　　(3) 30m　　(4) 35m　　(5) 40m

3章

高気圧作業安全衛生規則

解説 空気圧縮機または手押ポンプにより潜水作業者に送気するときは，潜水作業者ごとに，その水深の圧力下における送気量を，**毎分60 L以上**としなければならないと規定されています．問題では，圧力調整器を使用しない方法で潜水させる場合，大気圧下で送気量が毎分240 Lの空気圧縮機を用いて送気するとあるので，

$$\frac{240\,\text{L}}{60\,\text{L}} = \text{絶対気圧4気圧}$$

となり，潜水できる最高の水深は**30 m**となります． **【答】（3）**

Check!

☑ 圧力調整器を使用しない潜水
→ 水深の圧力下における送気量は毎分60 L以上

応用問題 次の文中の◻︎◻︎内に入れるA，Bの数字の組合せとして，法令上，正しいものは（1）〜（5）のうちどれか．

「潜水作業者に圧力調整器を使用させる場合には，潜水作業者ごとに，その水深の圧力下において毎分 **A** L以上の送気を行うことができる空気圧縮機を使用し，かつ，送気圧をその水深の圧力に **B** MPaを加えた値以上としなければならない」．

	A	B		A	B
(1)	70	0.7	(2)	60	0.8
(3)	60	0.6	(4)	40	0.7
(5)	40	0.8			

解説 文章を完成させると，次のようになります．

「潜水作業者に圧力調整器を使用させる場合には，潜水作業者ごとに，その水深の圧力下において毎分 40 L以上の送気を行うことができる空気圧縮機を使用し，かつ，送気圧をその水深の圧力に 0.7 MPaを加えた値以上としなければならない」． **【答】（4）**

Check!

☑ 圧力調整器を使用する潜水
→ 水深の圧力下における送気量は毎分40 L以上

4編

関係法令

3-7. 浮上の特例などとさがり綱

浮上の特例などと，さがり綱の規定の背景をよく考えながら学習しましょう．

ポイント

浮上の特例など〈規則第 32 条〉

① 事業者は，事故のために潜水作業者を浮上させるときは，必要な限度において，浮上の速度を速め，または浮上を停止する時間を短縮することができる．

② 事業者は，①により，浮上の速度を速め，または浮上を停止する時間を短縮したときは，浮上後，速やかに当該潜水作業者を**再圧室**に入れ，当該潜水業務の**最高の水深における圧力に等しい圧力まで加圧**し，または当該潜水業務の**最高の水深まで再び潜水**させなければならない．

③ ②により，当該潜水作業者を再圧室に入れて加圧する場合の加圧の速度については，**毎分 0.08 MPa 以下の速度**で行わなければならない．

さがり綱〈規則第 33 条〉

① 事業者は，潜水業務を行うときは，潜水作業者が潜降し，および浮上するためのさがり綱を備え，これを潜水作業者に使用させなければならない．

② 事業者は①のさがり綱には，**3 m ごとに水深を表示する木札または布など**を取り付けておかなければならない．

基本問題 潜降，浮上などに関し，法令上，誤っているものは次のうちどれか．

(1) 潜降速度については，定めがない．

(2) 浮上速度は，毎分 10 m 以下としなければならない．

(3) 潜水業務を行うときは，潜水作業者が潜降し，および浮上するためのさがり綱を備え，これを潜水作業者に使用させなければならない．

(4) さがり綱には，水深 5 m ごとに水深を表す木札などを取り付けておかなけれ

3章

高気圧作業安全衛生規則

ばならない.

(5) 緊急浮上後，潜水作業者を再圧室に入れて加圧するときは，毎分 0.08 MPa 以下の速度としなければならない.

解　説　さがり綱（潜降索）には，**水深 3 m ごと**に水深を表す**木札または布などを取り付け**ておかなければなりません. 　　　　　　　　　　　　　　【答】（4）

> **Check!**
> ☑ さがり綱 ➡ 水深３ｍごとに木札・布を取付け

応用問題　携行させたボンベ（非常用のものを除く）からの給気を受けて行う潜水業務に関し，法令上，誤っているものは次のうちどれか.

(1) 潜降直前に，潜水作業者に対し，当該潜水業務に使用するボンベの現に有する給気能力を知らせなければならない.

(2) 圧力 0.5 MPa 以上の気体を充填したボンベから給気を受けさせるときは，潜水作業者に二段以上の減圧方式による圧力調整器を使用させなければならない.

(3) 潜水作業者に異常がないかどうかを監視するための者を置かなければならない.

(4) 潜水深度が 10 m 未満の潜水業務でも，潜水作業者にさがり綱を使用させなければならない.

(5) さがり綱（潜降索）には，水深 3 m ごとに水深を表す木札または布などを取り付けておかなければならない.

解　説　**圧力 1 MPa（ゲージ圧力）以上**の気体を**充填**したボンベから給気を受けさせるときは，潜水作業者に二段以上の減圧方式による圧力調整器を使用させなければなりません. 　　　　　　　　　　　　　　　　　　　　　　　　　　　【答】（2）

> **Check!**
> ☑ １MPa 以上の気体を充填したボンベ
> ➡ 二段以上減圧方式による圧力調整器を使用

3-8. 設備などの点検および修理

潜水業務の種類単位の点検修理すべき潜水器具や点検周期は，特に重要です．これらのうち，[＿＿＿]部分がよく出題されています．

学習ガイド

ポイント

◎ 設備などの点検および修理〈規則第34条〉

① 事業者は，潜水業務を行うときは，**潜水前**に次に掲げる潜水業務に応じて潜水器具を点検し，潜水作業者に危険または健康障害の生ずるおそれがあると認めたときは，修理その他必要な措置を講じなければならない．

潜水業務の種類	点検修理すべき潜水器具
空気圧縮機または手押ポンプにより送気して行う潜水業務	潜水器，送気管，信号索，さがり綱，圧力調整器
ボンベからの給気を受けて行う潜水業務	
潜水作業者に携行させたボンベからの給気を受けて行う潜水業務	潜水器，圧力調整器

② 事業者は，潜水業務を行うときは，潜水業務に応じて設備を**表の期間ごとに1回以上点検**し，潜水作業者に危険または健康障害の生ずるおそれがあると認めたときは，修理その他必要な措置を講じなければならない．

潜水業務の種類	設備名	点検周期
空気圧縮機または手押ポンプにより送気して行う潜水業務	空気圧縮機または手押ポンプ	1週
	空気清浄装置	1月
	水深計	1月
	水中時計	3月
	流量計	6月
ボンベからの給気を受けて行う潜水業務	水深計	1月
	水中時計	3月
	ボンベ	6月

③ 事業者の点検，修理時の記録保存期間：概要を記録し，**3年間保存**する．

ひっかけ問題に注意

水中時計は，潜水前の点検は義務づけられていません．

基本問題 スクーバ式潜水業務を行うとき，潜水前の点検が義務付けられている潜水器具の組合せとして正しいものはどれか．
- (1) さがり綱，水中時計
- (2) 水中時計，送気管
- (3) 信号索，圧力調整器
- (4) 送気管，潜水器
- (5) 潜水器，圧力調整器

解　説 潜水作業者に**携行させたボンベからの給気**を受けて行う潜水業務に該当し，**潜水器，圧力調整器**の潜水前点検が義務付けられています．

【答】(5)

Check!
☑ **スクーバ式 ➡ 潜水器と圧力調整器を潜水前点検**

応用問題 1 全面マスク式潜水で空気圧縮機により送気する潜水業務を行うとき，法令上，潜水前の点検が義務付けられていない潜水器具は次のうちどれか．
- (1) 潜水器
- (2) 送気管
- (3) 信号索
- (4) 圧力調整器
- (5) 救命胴衣

解　説 **ボンベからの給気**を受けて行う潜水業務に該当し，**潜水器，送気管，信号索，さがり綱，圧力調整器**の潜水前点検が義務付けられています．

【答】(5)

Check!
☑ **全面マスク式 ➡ 救命胴衣の潜水前点検義務なし**

応用問題 2 ヘルメット式潜水器を用いる潜水業務を行うとき，法令上，潜水前の点検が義務付けられていない潜水器具は次のうちどれか．
- (1) 水深計
- (2) さがり綱
- (3) 信号索
- (4) 送気管
- (5) 潜水器

解　説 空気圧縮機または手押ポンプにより送気して行う潜水業務に該当し，**潜水器，送気管，信号索，さがり綱，圧力調整器**の潜水前の点検が義務付けられています．
　しかし，**水深計**の点検は義務付けられていません．

【答】(1)

Check!
☑ **ヘルメット式 ➡ 水深計の潜水前点検義務なし**

応用問題3 潜水業務において，法令上，特定の設備・器具については一定期間ごとに1回以上点検しなければならないが，次の設備・器具とその期間との組合せのうち，誤っているものはどれか．
(1) 送気量を計るための流量計 —— 6か月　(2) 水中時計 —— 3か月
(3) 水深計 —————————— 1か月　(4) ボンベ ————— 1年間
(5) 空気圧縮機 ——————— 1週間

解　説　ボンベの定期点検は**6か月に1回**以上と規定されています．【答】(4)

Check!
☑ ボンベの定期点検周期 ➡ 6か月に1回以上

応用問題4 空気圧縮機により送気して行う潜水業務においては，法令により，特定の設備について，一定期間ごとに1回以上点検しなければならないと定められているが，次の設備とこの点検期間との組合せのうち，法令上，誤っているものはどれか．
(1) 空気圧縮機 ——— 1週間　(2) 空気清浄装置 ——— 1か月
(3) 水深計 ————— 3か月　(4) 水中時計 ———— 3か月
(5) 流量計 ————— 6か月

解　説　水深計の定期点検は**1か月に1回**以上と規定されています．【答】(3)

Check!
☑ 水深計の定期点検周期 ➡ 1か月に1回以上

応用問題5 潜水業務において，法令上，特定の設備・器具については一定期間ごとに1回以上点検しなければならないと定められているが，次の設備・器具とその期間との組合せのうち，誤っているものはどれか．
(1) 空気圧縮機 ————————————— 1か月
(2) 送気する空気を清浄にするための装置 —— 1か月
(3) 水中時計 —————————————— 3か月
(4) 送気量を計るための流量計 —————— 6か月
(5) ボンベ ——————————————— 6か月

解　説　空気圧縮機の定期点検は**1週間に1回**以上と規定されています．
【答】(1)

Check!
☑ 空気圧縮機の定期点検周期 ➡ 1週間に1回以上

3-9. 連絡員

連絡員の配置と役割について学習します.

ポイント

◎ 連絡員 〈規則第 36 条〉

　事業者は，空気圧縮機または手押ポンプにより送気して行う潜水業務またはボンベ（潜水作業者に携行させたボンベを除く）からの給気を受けて潜水業務を行うときは，潜水作業者と連絡するための者（**連絡員**）を，**潜水作業者 2 人以下ごとに 1 人**置き，次の事項を行わせなければならない.

① 　潜水作業者と連絡して，その者の潜降および浮上を適正に行わせる.

② 　潜水作業者への**送気の調節を行うためのバルブまたはコックを操作する業務に従事する者**と連絡して，潜水作業者に必要な量の空気を送気させる.

③ 　送気設備の故障その他の事故により，潜水作業者に危険または健康障害の生ずるおそれがあるときは，速やかに**潜水作業者に連絡**する.

④ 　ヘルメット式潜水器を用いて行う潜水業務にあっては，**潜降直前**に当該潜水作業者の**ヘルメットがカブト台に結合**されているかどうかを確認する.

 ひっかけ問題に注意

・連絡員の配置条件は，すべての潜水方式に適用されるわけではありません.
・救急処置を行うために再圧室を利用できる措置を講じるのは，連絡員でなく事業者です.
・連絡員の特別教育は規定されていません.

基本問題 潜水業務における連絡員に関し，法令上，誤っているものは次のうちどれか．

(1) 送気式潜水による潜水業務および自給気式潜水による潜水業務においては，潜水作業者2人以下ごとに1人の連絡員を配置しなければならない．

(2) 連絡員は，潜水作業者と連絡して，その者の潜降および浮上を適正に行わせる．

(3) 連絡員は，潜水作業者への送気の調節を行うためのバルブなどを操作する者と連絡して，潜水作業者に必要な量の空気を送気させる．

(4) 連絡員は，送気設備の故障などの事故により潜水作業者に危険または健康障害の生ずるおそれがあるときは，速やかに潜水作業者に連絡する．

(5) 連絡員は，ヘルメット式潜水器を用いて行う潜水業務にあっては，潜降直前に潜水作業者のヘルメットが，カブト台に結合されているかどうかを確認する．

解　説 送気式潜水による潜水業務においては，潜水作業者2人以下ごとに1人の連絡員を配置しなければなりません．しかし，**自給気式潜水による潜水業務での連絡員の配置は規定されていません．**　【答】(1)

Check!
✓ 自給気式潜水業務 → 連絡員の配置規定はなし

応用問題 1　　送気式の潜水業務における連絡員に関し，法令上，誤っているものは次のうちどれか．

(1) 事業者は，潜水作業者と連絡を行う者として，潜水作業者2人以下ごとに1人の連絡員を配置しなければならない．

(2) 連絡員は，潜水作業者と連絡をとり，その者の潜降や浮上を適正に行わせる．

(3) 連絡員は，潜水作業者への送気の調節を行うためのバルブおよびコックの異常の有無を点検し，操作する．

(4) 連絡員は，送気設備の故障その他の事故により，潜水作業者に危険または健康障害の生ずるおそれがあるときは，速やかに潜水作業者に連絡する．

(5) 連絡員は，ヘルメット式潜水器を用いる潜水業務にあっては，潜降直前に潜水作業者のヘルメットがカブト台に結合されているかどうかを確認する．

解　説 連絡員の義務の一つとして，潜水作業者への送気の調節を行うための**バルブまたはコックを操作する業務に従事する者と連絡して，潜水作業者に必要な量の空気を送気させる**ことは規定されています．しかし，潜水作業者への送

3章

高気圧作業安全衛生規則

気の調節を行うための**バルブおよびコックの異常の有無を点検**し，**操作する**義務は規定されていません．潜水作業者への**送気の調整を行うためのバルブまたはコックを操作するのは，特別の教育を受けた送気員**です．

【答】（3）

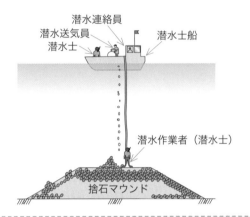

Check!
☑ 連絡員の義務 ➡ バルブまたはコックを操作する者への連絡

応用問題2 潜水業務における連絡員の配置とその実施事項について，法令上，規定されていないものは次のうちどれか．

(1) 事業者は，潜水作業者2人以下ごとに1人の連絡員を配置する．
(2) 連絡員は，潜水作業者と連絡をとり，潜降および浮上を適正に行わせる．
(3) 連絡員は，潜水作業者への送気の調節を行うためのバルブ，コックを操作する者と連絡して，潜水作業者に必要な量の空気を送気させる．
(4) 連絡員は，事故により潜水作業者に危険または健康障害の生ずるおそれがあるときは，速やかに潜水作業者に連絡する．
(5) 連絡員は，救急処置を行うために再圧室を利用できる措置を講じる．

解説 「救急処置を行うために再圧室を利用できる措置を講じる」ことは連絡員の義務ではなく，事業者の義務です． 【答】（5）

Check!
☑ 再圧室を利用できる措置 ➡ 事業者の義務

応用問題 3 送気式潜水業務における連絡員に関し，法令上，誤っているものは次のうちどれか．

(1) 事業者は，送気式の潜水業務を行うときは，潜水作業者 2 人以下ごとに 1 人の連絡員を配置しなければならない．

(2) 事業者は潜水作業者への送気の調節を行うためのバルブまたはコックを操作する業務についての特別の教育を受けた者から，連絡員を選ばなければならない．

(3) 連絡員は，潜水作業者と連絡をとり，その者の潜降および浮上を適正に行わせる．

(4) 連絡員は，送気設備の故障その他の事故により，潜水作業者に危険または健康障害の生ずるおそれがあるときは，速やかに潜水作業者に連絡する．

(5) 連絡員は，ヘルメット式潜水器を用いる潜水業務にあっては，潜降直前に，潜水作業者のヘルメットが，カブト台に結合されているかどうかを確認する．

解 説 連絡員は，潜水作業者への送気の調節を行うための**バルブまたはコックを操作する業務に従事する者と連絡**して，潜水作業者に必要な量の空気を送気させるよう規定されています．しかし，連絡員の特別教育は規定されていません． 　　　　　　　　　　　　　　　　　　　　　　　　**【答】**(2)

Check!
連絡員 ➡ 特別教育の規定はなし

■次の文は，**正しい(○)**？　それとも**間違い(×)**？

(1) 連絡員は，ヘルメット式潜水器を用いる潜水業務においては，潜降直後に潜水作業者のヘルメットがカブト台に結合され，空気漏れがないことを水中の泡により確認する．

(2) 連絡員は，ヘルメット式潜水器を用いて行う潜水業務にあっては，いったん潜降させて，潜水作業者のヘルメットがカブト台に結合されているかを確認する．

解答・解説

(1) ×⇒連絡員は，ヘルメット式潜水器を用いる潜水業務にあっては，**潜降直前**に潜水作業者のヘルメットがカブト台に結合されているかどうかを確認するよう規定されています．

(2) ×⇒ (1) と表現が異なるものの，基本的に同じ内容です．

3-10. 潜水作業者の携行物など

学習ガイド

潜水作業者の携行物として，何が必要かを明確に知っておかなければなりません．

ポイント

◎ 潜水作業者の携行物など〈規則第37条〉

① 事業者は，空気圧縮機もしくは手押ポンプにより送気して行う潜水業務またはボンベ（潜水作業者に携行させたボンベを除く）からの給気を受けて潜水業務を行うときは，潜水作業者に，**信号索，水中時計，水深計，鋭利な刃物**を携行させなければならない．

［例外］潜水作業者と連絡員とが**通話装置により通話**できることとしたときは，潜水作業者に信号索，水中時計および水深計を携行させないことができる．

② 事業者は，潜水作業者に携行させたボンベからの給気を受けて行う潜水業務を行うときは，潜水作業者に**水中時計，水深計，鋭利な刃物**を携行させるほか，**救命胴衣**または**浮力調整具を着用**させなければならない．

▼ 空気圧縮機により送気して行う潜水

潜水作業者と連絡員とが通話装置により通話できるようにした場合には，信号索の携行を省略できる．

参考 ①の規定は，「信号索」であって，「さがり綱」ではありません．
②の規定では「信号索」は必要ありません．

基本問題 潜水作業者の携行物に関する次の文中の ☐ 内に入れる A および B の語句の組合せとして，法令上，正しいものは（1）〜（5）のうちどれか．

「空気圧縮機により送気して行う潜水業務を行うときは，潜水作業者に， ☐ A ☐ ，水中時計， ☐ B ☐ および鋭利な刃物を携行させなければならない．ただし，潜水作業者と連絡員とが通話装置により通話することができることとしたときは，潜水作業者に ☐ A ☐ ，水中時計および ☐ B ☐ を携行させないことができる」．

	A	B
(1)	コンパス	水深計
(2)	コンパス	浮力調整具
(3)	救命胴衣	浮力調整具
(4)	信号索	水深計
(5)	信号索	救命胴衣

解 説 文章を完成させると，次のようになります．

「空気圧縮機により送気して行う潜水業務を行うときは，潜水作業者に，信号索，水中時計，水深計 および鋭利な刃物を携行させなければならない．

ただし，潜水作業者と連絡員とが通話装置により通話することができることとしたときは，潜水作業者に 信号索，水中時計および 水深計 を携行させないことができる」．（鋭利な刃物は必須です！）　　　　【答】（4）

Check!
☑ 空気圧縮機による送気時の携行物
➡ 信号索＋水中時計＋水深計＋鋭利な刃物

3章

高気圧作業安全衛生規則

応用問題1 潜水作業者の携行物に関する次の文中の ☐ 内の A および B に入れる語句の組合せとして，正しいものは（1）〜（5）のうちどれか．

「潜水作業者に携行させたボンベからの給気を受けて行う潜水業務を行うときは，潜水作業者に，水中時計， ☐ A ☐ および鋭利な刃物を携行させるほか， ☐ B ☐ を着用させなければならない」．

	A	B
(1)	浮上早見表	救命胴衣または浮力調整具
(2)	コンパス	救命胴衣または浮力調整具
(3)	コンパス	ハーネスおよび救命胴衣
(4)	水深計	救命胴衣または浮力調整具
(5)	水深計	ハーネスおよび救命胴衣

解　説　文章を完成させると，次のようになります．

「潜水作業者に携行させたボンベからの給気を受けて行う潜水業務を行うとき
は，潜水作業者に，水中時計，│水深計│および鋭利な刃物を携行させるほか，
│救命胴衣または浮力調整具│を着用させなければならない」．　　　【答】（4）

> **Check!**
> ☑ 携行させたボンベからの給気の場合の携行物 →
> 水中時計 ＋ 水深計 ＋ 鋭利な刃物 ＋ 救命胴衣または浮力調整具

 応用問題 2　潜水業務とこれに対応して潜水作業者に携行，着用させなけれ
ばならないものとの組合せとして，法令上，正しいものは次のうちどれか．

(1) 手押ポンプにより送気して行う潜水———信号索，水中時計，コンパス，
業務　　　　　　　　　　　　　　　　　　鋭利な刃物

(2) 空気圧縮機により送気して行う潜水———信号索，水中時計，コンパス，
業務（通話装置がない場合）　　　　　　　鋭利な刃物

(3) 空気圧縮機により送気して行う潜水———水中時計，水深計，浮上早見表
業務（通話装置がある場合）

(4) ボンベ（潜水作業者に携行させたボ———救命胴衣または浮力調整具，信
ンベを除く）からの給気を受けて行　　　号索，水中時計，水深計
う潜水業務（通話装置がない場合）

(5) 潜水作業者に携行させたボンベから———救命胴衣または浮力調整具，水
の給気を受けて行う潜水業務　　　　　　中時計，水深計，鋭利な刃物

解　説　潜水作業者に**携行させたボンベからの給気を受けて行う潜水業務**を
行うときは，潜水作業者に**水中時計，水深計，鋭利な刃物**を携行させるほか，**救
命胴衣または浮力調整具を着用**させなければなりません．　　　　　【答】（5）

> **Check!**
> ☑　携行物 → コンパス，浮力早見表，残圧計は対象外

3-11. 健康診断

高気圧業務についての健康診断の対象者と頻度および健康診断の項目について学習します.

◎ 健康診断〈規則第38条〉

① 事業者は, 高圧室内業務または潜水業務（高気圧業務）に常時従事する労働者に対し, その雇入れの際, 当該業務への配置換えの際および当該業務に就いた後 **6 月以内ごとに 1 回**, 定期に, 次の項目について, 医師による健康診断を行わなければならない.

| 1. 既往歴および高気圧業務歴の調査 |
| 2. 関節・腰・下肢の痛み, 耳鳴りなどの自覚症状または他覚症状の有無の検査 |
| 3. 四肢の運動機能の検査 |
| 4. 鼓膜および聴力の検査 |
| 5. 血圧測定ならびに尿中の糖および蛋白の有無の検査 |
| 6. 肺活量の測定 |

② 事業者は, ①の健康診断の結果, 医師が必要と認めた者については, 次の項目について, 医師による健康診断を追加して行わなければならない.

| 1. 作業条件調査 |
| 2. 肺換気機能検査 |
| 3. 心電図検査 |
| 4. 関節部のエックス線直接撮影による検査 |

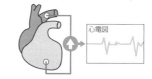

3 章

高気圧作業安全衛生規則

 ひっかけ問題に注意

健康診断を実施することが義務付けられている項目でないものとして, 以下のような項目を紛れ込ませた問題が出題されるので, 注意しておかなければなりません.

| ・視力の測定 ・腹部画像検査 ・赤血球および白血球の測定 |

基本問題 潜水業務に常時従事する労働者に対して行う高気圧業務健康診断において，法令上，実施することが義務付けられていない項目は次のうちどれか．
(1) 既往歴および高気圧業務歴の調査　(2) 四肢の運動機能の検査
(3) 腹部画像検査　(4) 鼓膜および聴力の検査
(5) 肺活量の測定

解 説 腹部画像検査は，高気圧業務健康診断項目として義務付けられていません．　【答】(3)

Check!
 腹部画像検査 ➡ 高気圧業務健康診断の対象外

 応用問題 潜水業務に常時従事する労働者に対して行う高気圧業務健康診断において，法令上，実施することが義務付けられていない項目は次のうちどれか．
(1) 既往歴および高気圧業務歴の調査　(2) 四肢の運動機能の検査
(3) 血液中の尿酸の量の検査　(4) 鼓膜および聴力の検査
(5) 肺活量の測定

解 説 血液中の尿酸の量や尿素窒素に関する検査は，高気圧業務健康診断項目として義務付けられていません．　【答】(3)

Check!
血圧測定 ➡ 高気圧業務健康診断の対象

■次の文は，**正しい(○)？** それとも**間違い(×)？**

　視力の測定は，潜水業務に常時従事する労働者に対して行う高気圧業務健康診断において，法令上，実施することが義務付けられている．

解答・解説
×⇒**視力の測定**は，高気圧業務健康診断項目として義務付けられていません．

4編
関係法令

3-12. 健康診断の結果と病者の就業禁止

健康診断の結果の措置と病者の就業禁止疾病名について学習します.

ポイント

◎ 健康診断の結果〈規則第 39 条〉

　事業者は，高気圧業務健康診断の結果に基づき，**高気圧業務健康診断個人票を作成し，これを 5 年間保存**しなければならない.

◎ 健康診断の結果についての医師からの意見聴取〈規則第 39 条の 2〉

　高気圧業務健康診断の結果に基づく医師からの意見聴取は，次に定めるところにより行わなければならない.
① 　高気圧業務健康診断が行われた日から **3 月以内**に行うこと.
② 　聴取した医師の意見を高気圧業務健康診断個人票に記載すること.

◎ 健康診断結果報告〈規則第 40 条〉

　事業者は，定期の健康診断を行ったときは，遅滞なく，高気圧業務健康診断結果報告書を当該事業場の所在地を管轄する**労働基準監督署長**に提出しなければならない.

 ひっかけ問題に注意

以下の疾病は，潜水業務への就業が禁止されていません.

・眼の疾病（白内障）　　・胃の疾病（胃炎）　　・虫垂炎

高気圧作業安全衛生規則

🛟 病者の就業禁止〈規則第41条〉

事業者は，次のいずれかの疾病にかかっている労働者については，**医師**が必要と認める期間，高気圧業務への就業を禁止しなければならない．

① 減圧症その他高気圧による障害またはその後遺症

② 肺結核その他呼吸器の結核または急性上気道感染，じん肺，肺気腫その他呼吸器系の疾病

③ 貧血症，心臓弁膜症，冠状動脈硬化症，高血圧症その他血液または循環器系の疾患

④ 精神神経症，アルコール中毒，神経痛その他精神神経系の疾病

⑤ メニエル氏病または中耳炎その他耳管狭さくを伴う耳の疾病

⑥ 関節炎，リウマチスその他運動器の疾病

⑦ ぜんそく，肥満症，バセドー氏病その他アレルギー性，内分泌系，物質代謝または栄養の疾病

 基本問題 法令上，潜水業務への就業が禁止されていない疾病は次のうちどれか．

(1) 貧血症 　　(2) 白内障 　　(3) アルコール中毒

(4) リウマチス 　　(5) 肥満症

解　説 眼の疾病や消化器系の胃炎などは，潜水業務への就業が法令上禁止されていません． 　　　　　　　　　　　　　　　　　　　　　　　　【答】(2)

Check!

☑ 　目の疾病・胃炎 ➡ 潜水業務就業禁止疾病ではない

 応用問題1 　潜水業務に常時従事する労働者に対して行う高気圧業務健康診断に関し，法令上，誤っているものは次のうちどれか．

(1) 雇入れの際，潜水業務への配置換えの際および定期に，一定の項目について，医師による健康診断を行わなければならない．

(2) 定期の健康診断は，潜水業務に就いた後6月以内ごとに1回行わなければならない．

(3) 水深10m未満の場所で潜水業務に常時従事する労働者についても，健康診断を行わなければならない．

(4) 健康診断結果に基づいて，高気圧業務健康診断個人票を作成し，これを 5 年間保存しなければならない．
(5) 雇入れの際および潜水業務への配置換えの際の健康診断を行ったときは，遅滞なく，高気圧業務健康診断結果報告書を所轄労働基準監督署長に提出しなければならない．

解 説 事業者は，健康診断（定期のものに限る）を行ったときは，遅滞なく，**高気圧業務健康診断結果報告書**を当該事業場の所在地を管轄する**労働基準監督署長に提出**しなければなりません． 　　　　　　　　　　　　　　　　　　　　　　　　　　　　　　**【答】**（5）

 Check!
定期健康診断の結果 ➡ 労働基準監督署長に提出

 応用問題 2 潜水業務に常時従事する労働者に対して行う高気圧業務健康診断に関し，法令上，誤っているものは次のうちどれか．
(1) 健康診断の結果，異常の所見があると診断された労働者については，健康診断実施日から 6 月以内に医師からの意見聴取を行わなければならない．
(2) 健康診断は，雇入れの際，潜水業務へ配置換えの際および潜水業務に就いた後 6 月以内ごとに 1 回，定期に行わなければならない．
(3) 送気式により，水深 10 m 未満の場所で常時潜水作業を行う労働者についても，健康診断を行わなければならない．
(4) 健康診断を受けた労働者に対し，異常の所見を認められなかった者も含め，遅滞なく，当該健康診断の結果を通知しなければならない．
(5) 潜水業務に係る健康診断個人票は，5 年間保存しなければならない．

解 説 高気圧業務健康診断の結果に基づく，医師からの意見聴取は，高気圧業務**健康診断が行われた日から 3 月以内**に行わなければなりません． 　　　　　　　　　　　　　　　　　　　　　　　　　　　　　　**【答】**（1）

Check!
医師からの意見聴取 ➡ 3 月以内

3章

高気圧作業安全衛生規則

223

3-13. 再圧室の設置と使用

再圧室の設置，立入禁止，使用についての規定内容を学習します．

ポイント

◎ 設置〈規則第42条〉

① 事業者は，高圧室内業務または潜水業務を行うときは，高圧室内作業者または潜水作業者について**救急処置を行うため必要な再圧室を設置**し，または利用できるような措置を講じなければならない．

注 意 水深10mを超える場合，再圧室の設置が義務づけられています．

② 事業者は，再圧室を設置するときは，次のいずれかに該当する場所を避けなければならない．

- ・危険物，火薬類もしくは多量の易燃性の物を取り扱い，または貯蔵する場所およびその付近
- ・出水，なだれまたは土砂崩壊のおそれのある場所

◎ 立入禁止〈規則第43条〉

事業者は，**必要のある者以外の者**が再圧室を設置した場所および当該**再圧室を操作する場所に立ち入ることを禁止**し，その旨を**見やすい箇所に表示**しておかなければならない．

◎ 再圧室の使用〈規則第44条〉

① 事業者は，再圧室を使用するときは，次によらなければならない．

- ・**その日の使用開始前**に，再圧室の送気設備，排気設備，通話装置，警報装置の作動状況を点検し，異常を認めたときは直ちに補修し，または取り替える．
- ・加圧を行うときは，**純酸素を使用しない**．
- ・出入りに必要な場合を除き，**主室と副室との間の扉を閉じ**，かつ，それ

ぞれの**内部圧力を等しく保つ**.

・再圧室の操作を行う者に加圧および減圧の状態その他異常の有無について**常時監視**させる.

② 事業者は, **再圧室を使用したとき**は, そのつど, **加圧・減圧の状況を記録**した書類を作成し, これを **5 年間保存**しなければならない.

参考 <u>副室の意義</u>：再圧室での火災やガス汚染が発生した場合には, 主室から副室に避難するのが被害を避ける最良の方法です.

基本問題 再圧室に関し, 法令上, 誤っているものは次のうちどれか.

(1) 潜水業務を行うときは, 潜水作業者について救急処置を行うために必要な再圧室を設置し, または利用できるような措置を講じなければならない.

(2) 再圧室を使用するときは, 出入りに必要な場合を除き, 主室と副室との間の扉を閉じ, かつ, それぞれの内部の圧力を等しく保たなければならない.

(3) 再圧室を使用したときは, 1 週を超えない期間ごとに, 使用した日時ならびに加圧および減圧の状況を記録しておかなければならない.

(4) 再圧室については, 設置時およびその後 1 月を超えない期間ごとに一定の事項について点検しなければならない.

(5) 再圧室の内部に, 危険物その他発火・爆発のおそれのある物, または高温となって可燃物の点火源となるおそれのある物を持ち込むことを禁止しなければならない.

解 説 **再圧室を使用したとき**は, そのつど, **加圧・減圧の状況を記録**しなければなりません. 【答】(3)

▼ 再圧室の主室・副室間の扉

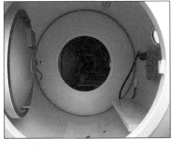

▼ 再圧室の構造

Check!
☑ 再圧室の使用時の記録 ➡ そのつど

学習ガイド

3-14. 再圧室の点検と危険物などの持込み禁止

再圧室の点検と危険物などの持込み禁止について学習します.

ポイント

⊚ 点検〈規則第45条〉

① 事業者は，再圧室については，**設置時**およびその後**1月を超えない期間**ごとに，次の事項について点検し，異常を認めたときは，直ちに補修し，または取り替えなければならない.
- ・送気設備および排気設備の作動の状況
- ・通話装置および警報装置の作動の状況
- ・電路の漏電の有無
- ・電気機械器具および配線の損傷その他異常の有無

② 事業者は，①により点検を行ったときは，その結果を記録して，これを**3年間保存**しなければならない.

⊚ 危険物などの持込み禁止〈規則第46条〉

事業者は，再圧室の内部に危険物その他発火もしくは爆発のおそれのある物または高温となって可燃物の点火源となるおそれのある物を持ち込むことを禁止し，その旨を**再圧室の入口に掲示**しておかなければならない.

参考 [用語の補足説明]
その他発火もしくは爆発のおそれのある物：カイロ，マッチ，ライター，火薬類など
高温となって可燃物の点火源となるおそれのある物：投光器，電熱器，電気あんかなど

 ひっかけ問題に注意

再圧室の設置時およびその後1月を超えない期間ごとに行う点検項目でないものとして，以下の項目を紛れ込ませた問題が出されるので，注意しなければなりません.

・主室と副室間の扉の異常の有無 ・加圧減圧の状況

▶ **基本問題** 再圧室に関する次のAからDまでの記述について，法令上，正しいものの組合せは（1）〜（5）のうちどれか．

A 潜水業務を行うときは，潜水作業者について救急処置を行うため必要な再圧室を設置し，または利用できるような措置を講じなければならない．

B 再圧室を使用するときは，再圧室の操作を行う者に，加圧および減圧の状態その他異常の有無について常時監視させなければならない．

C 再圧室は，出入りに必要な場合を除き，主室と副室との間の扉を閉じ，かつ，副室の圧力は主室の圧力よりも低く保たなければならない．

D 再圧室については，設置時および設置後3月を超えない期間ごとに一定の事項について点検しなければならない．

（1）A，B （2）A，C （3）A，D （4）B，C （5）C，D

解 説 CとDは正しくは，次のように規定されています．

C：再圧室は，出入りに必要な場合を除き，**主室と副室との間の扉を閉じ**，かつ，それぞれの**内部圧力を等しく保たなければならない**．

D：再圧室については，**設置時および設置後1月を超えない期間ごとに**一定の事項について点検しなければならない． 【答】（1）

Check!
☑ 再圧室の主室と副室 ➡ 扉を閉じ内部圧力は同じ

応用問題1 再圧室の使用に関し，法令上，誤っているものは次のうちどれか．

（1）その日の再圧室の使用を開始する前に，送気設備などの作動状況について点検し，異常を認めたときは，直ちに補修し，または取り替えること．

（2）再圧室を使用し，加圧を行うときは純酸素を使用すること．

（3）再圧室は，出入りに必要な場合を除き，主室と副室との間の扉を閉じ，かつ，それぞれの内部の圧力を等しく保つこと．

（4）再圧室の操作を行う者に加圧および減圧の状態その他異常の有無について常時監視させること．

（5）再圧室を使用したときは，そのつど，加圧および減圧の状況を記録しておくこと．

解 説 再圧室を使用し，加圧を行うときは酸素中毒を避けるため，**純酸素を使用しない**ことと規定されています． 【答】（2）

3章
高気圧作業安全衛生規則

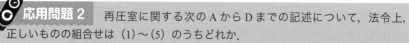

応用問題 2 再圧室に関する次の A から D までの記述について，法令上，正しいものの組合せは (1)〜(5) のうちどれか.

A　再圧室の内部に高温となって可燃物の点火源となるおそれのあるものなどを持ち込むことを禁止し，その旨を再圧室の入口に掲示しておかなければならない.

B　再圧室については，設置時およびその後 3 月を超えない期間ごとに，送気設備および排気設備の作動の状況など，一定の事項について点検しなければならない.

C　再圧室は，出入りに必要な場合を除き，主室と副室との間の扉を閉じ，かつ，それぞれの内部の圧力を等しく保たなければならない.

D　再圧室を使用したときは，1 週を超えない期間ごとに，使用した日時ならびに加圧および減圧の状況を記録しなければならない.

(1) A, B　　(2) A, C　　(3) A, D　　(4) B, C　　(5) C, D

解 説 B と D が誤りで，正しくは次のように規定されています.

B：再圧室については，**設置時および設置後 1 月を超えない**期間ごとに一定の事項について点検しなければならない.

D：**再圧室を使用**したときは，**そのつど**，加圧・減圧の状況を**記録**しなければならない.

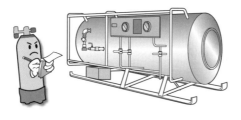

【答】(2)

4編

関係法令

3-15. 潜水士免許

「潜水士免許」に関する事項について学習します.

ポイント

◎ 免許〈労働安全衛生法第 72 条〉

> ① **免許試験に合格した者**その他厚生労働省令で定める資格を有する者に対し,免許証を交付する.
> ② 次のいずれかに該当する者は,免許を受けることができない.
> ・心身の障害により免許に係る業務を適正に行うことができない者として厚生労働省令で定める者.
> ・免許を取り消され,その**取消しの日から起算して 1 年を経過しない者**.
> ・免許の種類に応じて厚生労働省令で定める者.

◎ 免許を受けることができる者〈高気圧作業安全衛生規則第 52 条〉

> 「潜水士免許」は,潜水士免許試験に合格した者に対し,都道府県労働局長が与えるものとする.

◎ 免許の欠格事由〈高気圧作業安全衛生規則第 53 条〉

> 満 18 歳に満たない者

◎ 試験科目など〈高気圧作業安全衛生規則第 54 条〉

> **潜水士免許試験**は,次の試験科目について,学科試験によって行う.
> ① 潜水業務
> ② 送気,潜降および浮上
> ③ 高気圧障害
> ④ 関係法令

参考 試験は筆記試験によって行われ,試験時間は 1 科目 1 時間です.また,各科目の出題範囲は,次表のとおりです.

3章

高気圧作業安全衛生規則

科　目	出題範囲
潜水業務	・潜水業務に関する基礎知識 ・潜水業務の危険性および事故発生時の措置
送気，潜降および浮上	・潜水業務に必要な送気の方法 ・潜降および浮上の方法 ・潜水器に関する知識 ・潜水器の扱い方 ・潜水器の点検および修理のしかた
高気圧障害	・高気圧障害の病理 ・高気圧障害の種類とその症状 ・高気圧障害の予防方法 ・救急処置　　　・再圧室に関する基礎知識
関係法令	・労働安全衛生法，労働安全衛生法施行令， 　労働安全衛生規則中の関係条項 ・高気圧作業安全衛生規則

◎ 免許の取消しなど〈労働安全衛生法第74条〉

① 都道府県労働局長は，免許を受けた者が次に該当するに至ったときは，その免許を取り消さなければならない．
・心身の障害により免許に係る業務を適正に行うことができない者として厚生労働省令で定める者．
・免許の種類に応じて厚生労働省令で定める者．
② 都道府県労働局長は，免許を受けた者が次のいずれかに該当するなどに至ったときは，その免許を取り消し，または **6月を超えない範囲内** で期間を定めてその免許の効力を停止することができる．
・故意または重大な過失により，当該免許に係る業務について **重大な事故** を発生させたとき．
・当該免許に係る業務について，法律または命令の規定に違反したとき．

◎ 免許の取消しなど〈労働安全衛生規則第66条〉

① 当該免許試験の受験についての不正その他の不正の行為があったとき．
② 免許証を **他人に譲渡** し，または **貸与** したとき．
③ 免許を受けた者から当該免許の取消しの申請があったとき．

⊛ 免許証の再交付または書替え〈労働安全衛生規則第 67 条〉

① 免許証の交付を受けた者で，当該免許に係る業務に現に就いている者または就こうとする者は，これを**滅失**し，または**損傷したとき**は，免許証再交付申請書を免許証の交付を受けた**都道府県労働局長**または**その者の住所を管轄する都道府県労働局長**に提出し，免許証の**再交付**を受けなければならない．

② ①に規定する者は，**氏名を変更**したときは，免許証書替申請書を免許証の交付を受けた都道府県労働局長またはその者の住所を管轄する都道府県労働局長に提出し，**免許証の書替え**を受けなければならない．

⊛ 免許証の返還〈労働安全衛生規則第 68 条〉

① 免許の取消しの処分を受けた者は，遅滞なく，免許の取消しをした**都道府県労働局長に免許証を返還**しなければならない．

② ①の規定により免許証の返還を受けた都道府県労働局長は，当該免許証に当該取消しに係る免許と異なる種類の免許に係る事項が記載されているときは，当該免許証から当該取消しに係る免許に係る事項を抹消して，免許証の再交付を行うものとする．

⊛ 受験手続〈労働安全衛生規則第 71 条〉

「潜水士免許試験」を受けようとする者は，免許試験受験申請書を都道府県労働局長（指定試験機関が行う免許試験を受けようとする者にあっては，指定試験機関）に提出しなければならない．

基本問題 潜水士免許に関し，法令上，誤っているものは次のうちどれか．

(1) 満 18 歳に満たない者は，免許を受けることができない．

(2) 免許証の交付を受けた者で，潜水業務に現に就いている者は，免許証を滅失したときは，免許証の再交付を受けなければならない．

(3) 免許証を他人に譲渡または貸与したときは，免許の取消しまたは 6 月以下の免許の効力の停止を受けることがある．

(4) 免許を取り消された者は，取消しの日から 3 年間は免許を受けることができない．

(5) 免許証の交付を受けた者で，潜水業務に就こうとする者は，氏名を変更したときは，免許証の書替えを受けなければならない．

 解 説 （2）免許証の交付を受けた者で，**潜水業務に現に就いている者または就こうとする者**は，これを**滅失し，または損傷した**ときは，免許証再交付申請書を免許証の交付を受けた**都道府県労働局長またはその者の住所を管轄する都道府県労働局長**に提出し，免許証の**再交付**を受けなければならない．

（4）免許を取り消された者は，**取消しの日から起算して 1 年を経過しない者**は免許を受けることができない． 【答】（4）

Check!
免許を与えない条件 ➡ 取消日から 1 年未満

 応用問題 1 潜水士免許に関し，法令上，誤っているものは次のうちどれか．
(1) 満 18 歳に満たない者は，免許を受けることができない．
(2) 免許証の交付を受けた者で，潜水業務に現に就いている者が，免許証を滅失したときは，所轄労働基準監督署長から免許証の再交付を受けなければならない．
(3) 免許証を他人に譲渡したり貸与したときは，免許を取り消されることがある．
(4) 重大な過失により，潜水業務について重大な事故を発生させたときは，免許を取り消されることがある．
(5) 免許証の交付を受けた者で，潜水業務に就こうとする者が，氏名を変更したときは，免許証の書替えを受けなければならない．

解 説 潜水業務に現に就いている者が，免許証を**滅失し，または損傷した**ときは，免許証再交付申請書を免許証の交付を受けた**都道府県労働局長またはその者の住所を管轄する都道府県労働局長**に提出し，免許証の**再交付**を受けなければならない． 【答】（2）

Check!
免許証の再交付 ➡ 労働局長

応用問題 2　潜水士免許に関する次の A から D までの記述について，法令上，誤っているものの組合せは（1）～（5）のうちどれか．

A　水深 10 m 未満での潜水業務については，免許は必要でない．
B　満 18 歳に満たない者は，免許を受けることができない．
C　故意または重大な過失により，潜水業務について重大な事故を発生させたときは，免許の取消しの処分を受けることがある．
D　免許証を滅失または損傷したときは，労働基準監督署長に再交付申請をする．

（1）A，B　　　（2）A，C　　　（3）A，D
（4）B，C　　　（5）B，D

解　説　A：潜水深度にかかわらず，潜水業務に就く者は**潜水士免許**を受けた者でなければなりません．

D：免許証の再交付の申請先は，免許証の交付を受けた**都道府県労働局長またはその者の住所を管轄する都道府県労働局長**です．　　　　【答】（3）

Check!
☑　潜水士免許 ➡ 潜水深度にかかわらず必要

■次の文は，**正しい（○）？** それとも**間違い（×）？**

（1）免許証の交付を受けた者で，現に潜水業務に就いている者が住所を変更したときは，免許証書替申請書を免許証の交付を受けた都道府県労働局長またはその者の住所を管轄する都道府県労働局長に提出し，免許証の書替えを受けなければならない．
（2）免許の取消しの処分を受けた者は，遅滞なく，免許の取消しをした都道府県労働局長に，免許証を返還しなければならない．

解答・解説

（1）×⇒**氏名を変更**したときは，**免許証の書替え**を受けなければなりませんが，**住所を変更したときには，免許証の書替えは不要**です．
（2）○⇒免許の取消しの処分を受けた者は，遅滞なく免許の取消しをした**都道府県労働局長に免許証を返還**しなければなりません．

都道府県労働局

3章

高気圧作業安全衛生規則

参考文献

(1) 中央労働災害防止協会編『潜水士テキスト——送気調節業務特別教育用テキスト』2015 年

(2) レグ・ヴァリンタイン著，前田啓子訳『土・日で覚える　スキューバ・ダイビング』同朋舎出版，1994 年

(3) 猪郷久義／饒村曜監修『ニューワイド学研の図鑑　増補改訂版　地球・気象』学研プラス，2008 年

(4) ミランダ・マッキュイティ著，毛利匡明日本語版監修『ビジュアル博物館 62 巻　海洋』同朋舎出版，1997 年

(5) 長澤光晴著『面白いほどよくわかる物理』日本文芸社，2003 年

(6) 服部光男著『病気がわかる体の手引き』小学館，1996 年

(7) 日本海事広報協会編『わかりやすい海事知識　水産とマリンレジャー』1996 年

(8) 中央労働災害防止協会編『高圧・特別高圧電気取扱者安全必携——特別教育用テキスト』2012 年

(9) 三浦定之助著『潜水の科学』霞ヶ関書房，1941 年

(10) 唐沢嘉昭著『ダイバーの常識のウソ PART 2　知っておきたいダイバーの新常識』水中造形センター，2001 年

(11) 米谷勝治監修『エンジョイ・ダイビング　図解ハンドブック——海底散歩を楽しむための全ガイド』(DO-LIFE GUIDE 318 スポーツ・シリーズ) 日本交通公社出版事業局，1987 年

(12) 津村喬編著『[代替医療で癒す] 健康自立マニュアル』同朋舎出版，1999 年

(13) 小林庄一著『環境科学叢書　人と潜水——水環境への適応』共立出版，1975 年

(14) 玉田進著『図解コーチ　スクーバダイビング』成美堂出版，1996 年

(15) PADI ジャパン監修『講習を受ける前に読む　スクーバダイビング入門』ナツメ社，1989 年

(16) PADI カレッジ・ジャパン監修『ザ・ダイビング』(イラスト版プレイスポーツ) 日本文芸社，1987 年

(17) 海上保安庁救難課監修，日本海洋レジャー安全・振興協会編著『レジャー・スキューバ・ダイビング——安全潜水のすすめ』成山堂書店，2004 年

(18) 高橋実『スクーバダイビング』(講談社スポーツシリーズ) 講談社，1986 年

索 引

た 行

英数字

〈著者略歴〉

不 動 弘 幸（ふどう　ひろゆき）

不動技術士事務所
（技術士：電気電子 / 経営工学 / 総合技術監理，
第1種電気主任技術者，エネルギー管理士（電気・熱），ほか）

潜水士試験　徹底研究
（改訂4版）

2006 年 1 月 11 日	第 1 版第1刷発行
2011 年 5 月 15 日	改訂2版第1刷発行
2015 年 12 月 20 日	改訂3版第1刷発行
2021 年 4 月 20 日	改訂4版第1刷発行
2022 年 5 月 10 日	改訂4版第2刷発行

著　　者　　不 動 弘 幸
発 行 者　　村 上 和 夫
発 行 所　　株式会社 オ ー ム 社
　　　　　　郵便番号　101-8460
　　　　　　東京都千代田区神田錦町 3-1
　　　　　　電話　03(3233)0641(代表)
　　　　　　URL　https://www.ohmsha.co.jp/

© 不動弘幸 2021

印刷・製本　壮光舎印刷
ISBN978-4-274-22704-2　Printed in Japan

本書の感想募集　https://www.ohmsha.co.jp/kansou/
本書をお読みになった感想を上記サイトまでお寄せください．
お寄せいただいた方には，抽選でプレゼントを差し上げます．